Jean Paul's

sämmtliche Werke.

LIX.

Zwölfte Lieferung.

Vierter Band.

Berlin,
bei G. Reimer.
1828.

Gesammelte
Aufsätze und Dichtungen.

Inhaltverzeichniß.

des vierten Bändchens.

Ausschweife für künftige Fortsetzungen von vier Werken.

Vorerinnerung für die Morgenblattleser.

Die nachfolgenden kleinen Aufsätze wurden im vorigen Frühling für ein neues Taschenbuch gemacht, das zu meiner Freude gar nicht zu Stande kam. Ich wollte, ich hätte eine ähnliche Freude an mehr als Einem für 1824 fortgesetzten erlebt; da man mehr als einem, ja mehr als fünfen, das seidne Achselband, womit sie aus der Kapsel in die Gesellschaft gezogen werden, besser abschnitte, oder sie damit umgewandt ins Futteral-Gefängniß einsteckte. Aber die Taschenbüchlein sind, wenn dicke Oktavbände für Philosophie oder für deutsche Sprache ausathmen, gar nicht umzubringen; so wenig als die Bücherlaus, die sich in den Blättern unter dem Pressen und Schlagen des Buchbinders unversehrt erhält. Dabei hat jeder Almanach noch vollends das Böse an sich, daß er rezensiert wird in einer oder der anderen Zeitung. Indeß die astronomischen Ephemeriden der Literatur, häufig über feste wahrhaft himmlische Körper kein Wort der Beobachtung und Berechnung vorbringen, sind sie über die Nebensonnen und Sonnenhöfe des Phöbus desto vollständiger, und geben genaue Berichte von gerader Aufsteigung, von Verfinsterung, Azimuth und Meridian und körperlichem Inhalt bald verschwundener Nebensonnen; und die Leser der Großquartblätter werden im Namen der Leser der bloßen Duodezblätter, gequält und belehrt. — Hier folgt endlich der Beitrag für das nicht herausgekommene Taschenbuch.

* *
*

Vorerinnerung.

(Aus einem Briefe an den H. Herausgeber des Taschenbuchs.)

— Ich sollt' es freilich lieber nie thun, und keinem von allen Taschenbüchern in der Welt — diesen Taschendieben der Zeit, und meiner freieren Werke — etwas versprechen; denn das versprochne Etwas, könnte sogar von einer ästhetischen Plaudertasche viel anders und besser, besonders in längeren Erzählungen und Gedichten geliefert werden als ich es vermag, der ich auch nicht die kürzeste geben kann; und wollten Sie oder die Lesewelt mich des gegebenen Wortes wegen gerichtlich belangen, wie man eine himmlische Sängerin polizeilich wie eine Nachtigall einsperrt, wenn sie nicht singen, oder einen unersetzlichen Schauspieler ohne double, wenn er nicht darstellen will. — —

Aber ich kann nicht; ich habe zu viel zu schreiben, zu lesen, vollends unendlich viel Anderes darzustellen und zu singen. Denkt denn Niemand daran, daß ich erstlich ein ganz neues Werk über die Unsterblichkeit der Seele, das eine Fortsetzung des Kampanerthales nach Aufwärts ist, welches zum Thale die Granitgipfel liefert, schon seit alten Jahren und neuem Leiden, theils unter der Feder habe, theils unter dem Herzen trage? Ferner, daß ich zweitens wider das jetzige Ueberchristenthum, und für das älteste Urchristenthum, das ein Herder, ein Jakobi und mehr Herrliche bekannten, etwas zu schreiben habe gegen Martin, Kanne, Marheineke — obwol nur ein Werkchen? — Drittens sollte doch auch ein billiger Mann erwägen, daß mein eigenes Leben zu beschreiben, ich sowol versprach als sogar angefangen, daß es aber bei einer Lebensbeschreibung nichts schlimmeres und unabsehlicheres geben kann als solche hinausschieben, weil dadurch das Leben und folglich dessen Gemälde immer verlängert werden muß. Viertens muß ja mein letztes Werk geschrieben werden, das eben unter diesem Titel selber, oder vielleicht unter dem andern vom Kometen angekündigten: „Papierdrache" oder wol unter beiden Titeln, in jedem Falle aber in der weiten Form einer Wochenschrift, wie z. B. der englische Zuschauer, erscheinen und von einer gewissen fruchtbringenden Palingenossenschaft, die sich künftig näher selber schildert, verfaßt sein soll; weil in das letzte Buch oder dem Papierdrachen, oder die fruchtbringende Wochenschrift alles hineingeschrieben werden muß — — damit nur einmal ein Ende wird mit mir — was ich nur von Einfällen, komischen Auftritten, Bemerkungen über Menschen und Sachen, und allem Satan und seiner Großmutter, und von politischen und philosophischen Ansichten, ja von aufbewahrten Gefühlen und Rührungen nur im Pulte und im Kopfe vorräthig halte; ja sogar dabei alles Uebrige und Neue, was ohnedem gar nicht gerechnet, mir unter dem Schreiben und Leben noch in der Hand nachwächst. Man ersieht daraus die Länge des letzten Werks, von welchem der letzte Bogen schwer abzusehen — und dieß alles, eben was grade die Hauptsache ist, nicht in Almanach-Duodez, sondern in Oktavformat, auf dessen Grundstücken keine Dienstbarkeit gegen zu delikate Taschenbücherleserinnen haftet, und wo man in der uneingeschränktesten Monarchie über Leser und Sachen regiert. — Natürlich wird das Werk eine Generalsalve meines ganzen Kopfes, ein Allerseelenfest aller Gedanken, ein Polterabend, Kehraus, Charivari aller Ideenhochzeiten. — —

Gleichwol sollen diese vier letzten Werke (für mich wahre vier letzte Dinge) warten auf die Almanachliteratur, und hinter ihnen warten wieder noch gar vier Fortsetzungen, noch wahrere vier letzte Dinge, weil sie diese an den Büchern selber sind; denn weiß es die Welt nicht schon seit Jahren, daß ich die letzten, den Beschluß der unsichtbaren Loge, zu liefern habe, und seit Jahren den zweiten Theil der biographischen Belustigungen unter der Gehirnschaale einer Riesin? — — Wartet nicht sämmtliche Welt seit dem vierten Bande der Flegeljahre auf den fünften, und auf die endlichen letzten Flegler, weil sie es nicht gern hat, wenn ein Buch oder ein Mensch in der Jugend mitten in seinen Tölpeljahren stirbt? Wie denn manchen sogar an Napoleon die Figur der Aposiopesis, der Streitflegeljahre, die er auf der zweiten Insel machen mußte, nur schlecht gefiel? — Und endlich viertens, steht nicht der Komet in drei Bändchen am Himmel und will in die nächsten Bändchen und Himmel-Grade aufsteigen, um in die Sonnennähe zu gelangen und sich an ihr einen außerordentlichen Schweif als Zornruthe zu binden?

Oder sollen diese armen vier Wesen und vier Jupiter-Trabanten allein nur als erste Viertel untergehen, indeß ihre Geschwistermonde als Volllichter über den Himmel gelaufen? Ich will ja gerne, dazu erbiet' ich mich, keine anderen neuen Welten — die vier obigen frischen ausgenommen, mehr liefern, und aus ihren Morgenröthen herauslassen, wenn ich nur jenen allen, zumal den beiden letzten, leider längsten, (denn die Flegeljahre und der Komet können, wenn sie ganz zu Ende geschrieben sind, allein eine ganz anständige Bibliothek formieren:) wenn ich, wie gesagt, nur jenen Welten, in der Buchdrucker-sprache zu reden, die Schließquadrätchen und Schlußleisten aufpressen und anhängen kann.

Deßhalb nun, lieber Hr. Herausgeber, will ich lieber, bevor ich den Bankoabschluß solcher Handelbücher unterlasse, auch nicht eine einzige Zeile mehr für irgend ein Taschenbuch abschicken, und fange auch, um Wort zu halten, sogleich bei dem Ihrigen an, und geb' ihm nichts, sondern ich will mich in Ihrem sogleich an die vier Fortsetzungen meiner Vierfelderwirthschaft machen und zwar will ich Ausschweifungen aus ihnen liefern, zu welchen sich mit der Zeit in den Werken schon Geschichten und Sachen, wovon man im Voraus abgeschweift, finden werden.

Desto mehr kann es Sie und mich erfreuen, daß ich endlich — nachdem ich seit Jahren in den Cottaischen Taschenbüchern die Lieferungen von bloßen abgerissenen Gedanken unter allerlei Titel-Mäntel, z. B. poetisches und politisches Allerlei, Spätlinge und Nachlese des Taschenbuchs, Philanthropisten-Wäldchen, Nachwuchs des Philanthropisten-Wäldchens, habe verstecken müssen — daß ich endlich einem Taschenbuche etwas Ganzes zuwenden kann, eigentlich vier Ganze, als vierblätterigen Klee. Und ich darf mich sogleich auf das erste aus den Flegeljahren berufen, welches Vults zerstreute Tischreden bei einem Doktorschmause aufträgt. Was übrigens den andern Punkt betrifft, bester Herausgeber u. s. w. u. s. w.

I.

Abschweif aus dem 13ten Bändchen der Flegeljahre ungefähr aus der Mitte des Werks.

Vults Tischreden bei einem medizinischen Doktorschmause.

— Und einen Doktorschmaus überhaupt, Hr. Doktor, sagte Vult zum Gast- und Festgeber selber, möcht' ich einen Lichtbraten nennen, den im Herbste die Handwerkermeister zur Feier geben, daß die Gesellen bei Licht zu arbeiten haben. (Ich will stets den Stand eines jeden, den Vult anredet, anführen, da die verschiedenen Leute, als Leittöne und Verbindartikel der Rede zu gebrauchen sind und dadurch erst wahrer Zusammenhang in die springenden Reden kommt.) — Gleichwol halt' ich den Zeitgeist, mein Herr Polizeidirektor, oder von bloßen Staaten gesprochen, die öffentliche Meinung ganz der Luft gleich, (welche nach Franklin der allerdichteste Körper ist) weil man sie auf einen Grad zusammenpressen kann, daß das schwere Gold auf ihr nur schwimmt.

— Wohl gut, lieber Herr Professor, auch gestehe ich recht gern meine Fehler, sobald ich sie abgelegt, und lasse gern mein Hemd sehen, sobald ich nicht mehr darin stehe, aber ich könnte doch zehnmal berühmter sein, nämlich in meiner Vaterstadt, wenn der Ruhm nicht eine Pension wäre, welche man, grade als Widerspiel aller andern Pensionen, blos außer Landes erhebt und verzehrt. — —

— Ei, mein zarter Herr Frühprediger, treu- und verliebt bin ich wol, wie irgend einer, und sogar immer auf zwei Janusseiten zugleich hinaus, der längeren Dauer wegen: zugleich in meine zukünftige Geliebte und in meine vorige, da die fortflatternde Gegenwart viel zu kurz für ewige Liebe ist, auch traf ich auf meinen musikalischen Reisen in großen Städten immer die vornehmsten jungen Herren an, welche wahrhaft an der edelsten Liebe litten, Wochen, ja Monate lang; welchen aber zum Glücke gerathen wurde, wenn sie ihr Herz verbrannt hatten, dasselbe zur Heilung der Brandwunde, wie man bei einer körperlichen thut, homöopathisch an die Hitze einer zweiten Schönheit zum Heilen zu halten; und dieß half stets, Manchem zehnmal in einem Monat.

— Umgekehrt, Freund, das Gold ist das Pulver, das die Alten und Geizhälse auf die Kugel laden, die Jungen aber unter die Kugel bringen und blos bei diesen fliegt sie. —

— Gar nicht umgekehrt, mein Herr Domherr; eine Glatze, zumal eine willkürliche, ist die natürlichste genaueste Tonsur von der Welt, und man wird enthaltsam durch sie; und eine Tonsur ist wieder der Haarbüschel, welchen die Mauren auf ihren Köpfen unbeschoren lassen, damit die Gläubigen oder Türken sie an den Büscheln in das Paradies ziehen und heben. Was glauben Sie? Ich dachte . . . . . .

— — Daraus folgt denn nichts Geringeres, mein Herr Ordinarius, als daß man sich sehr irrt, wenn man recht zu haben glaubt, denn man widerspricht mir und sich zugleich; blos aus Spracharmuth sagt man: diese Poeten sitzen auf dem Musenpferd, so wie die Franzosen aus einer noch größern, da sie kein Wort für Reiten haben, sagen müssen: aller à cheval sur un âne. — Aber erwünscht ists, guter Ordinarius, daß es uns gerade jetzo am wenigsten an wahren Freiheit- und Kraftmenschen und Rittern mangelt, in Gedichten sowol als in Romanen. Herrliche Männer, obgleich im Innern die Milde und die Mode selber, sammt erlaubter Schwäche, erscheinen typographisch und poetisch, und in der Lesewelt wahrhaft ritterhaft als wirkliche Vulkane, so wie mitten im ebenen Lande sich im Wörlitzer Garten ein Vulkan, erhebt, welcher dem äußeren Scheine nach hinlänglich Schrecken gewährt, innen aber mit seinen bequemen Möbeln und netten Boudoirs artig genug eingerichtet ist für einen Feuerspeier. — Das glücklichste Volk bleibt daher doch wol das holländische, in mehr als einer Rücksicht, aber vorzüglich in der, daß es jährlich wenigstes Einen Silberblick des Lebens erlebt, nämlich den Heringsblick.

— Aber ist denn dieß gegen mich, Herr v. B.? Vielmehr behaupt' ich ja selber, daß man ganz krumme Wege — nur zur Mittelmäßigkeit führen die geraden — einzuschlagen hat, wenn man im Staate hoch hinauf will, wie ich, und jeder am Hofe und Throne; so wie die auf der Ebene schnurgeraden Kunststraßen nicht genug Krümmungen annehmen können, sobald es eine steile Höhe hinangeht. Leitern stellt man nicht gerade, sondern schief, sonst stehen einem alle Thüren offen, aber blos zum Fort- nicht Eingehen. . . . . .

— Dabei ist freilich, mein theurer H. Auskultator, das Uebel nur gar zu häufig, daß man fehlschießt; denn wirklich das Kopulierwort „Taubstumme“ ist im höhern Sinne so widerspenstig gemacht, daß gerade geistig Taube am wenigsten stumm sind, und geistig Stumme am wenigsten taub ....

— Grillen sind indeß schwerer zu vertreiben als Schmerzen; diese sterben an der Zeit, jene wachsen an ihr. Die beste Fliegenklatsche hilft gegen die schwarzen Mücken nichts, welche einen Fürsten unaufhörlich, obwol nicht stechen, doch umspielen, dessen schwarzem Staare überall — Revoluzionen vorflattern.

— Nun ich denke, wir mißverstehen uns dessen ungeachtet nicht, theuerster Doktor, wenn ich der Heilkunde ihren Namen lasse, den sie so lange behalten soll, wie die Kriegkunst, als Friedenkunst.

* * *

Dieß mögen etwan die bedeutensten Tischreden Wults bei dem Doktorschmause des jungen Arztes gewesen sein. Um aber sogar diesen mit etwas, was ihm zugleich anpaßte und wohlgefiel, zu überraschen, nahm er einen kurzen Umweg durch eine Bemerkung über die Handwerker; daß sie, so saumseelig und wortbrüchig nämlich alle Handwerker: in Leder, in Seide, in Eisen, in Holz besonders — man denke nur daran, wie lange man auf jeden bestellten Sessel, Schrank, und dergleichen warten muß — sich immer allen Versprechungen und Drohungen gegenüber erweisen, so bringen doch alle diese Saumthiere — die Tischler und Metallarbeiter auf die bestimmte Stunde gerade — den Sarg; und sie wären also schon von der Polizei zu bessern auch für andere Möbeln. — Da der Sarg ihm nun die beste, wenn nicht Teufels- doch Eselsbrücke, Fallbrücke oder Schiffbrücke, auch Weberschiff zum Arzte war — Avisfregatte, Paquetboot — so gewann er leichten Uebergang zu einer lateinischen Glückwunschrede an den neuen Doktor, aus welcher ich nur ein Stück aushebe, betitelt:

II.

Lob der Leib- und Hausärzte.

Extrablatt aus dem vierten Bande der unsichtbaren Loge.

Es ist etwas sehr Erfreuliches, wenn rohe Gebräuche verwilderter Völker auf ihre gebildeten Nachkommen übergehen. So haben unsre Seiten-Vorfahren, die Skandinavier, aus Scheu vor dem blos natürlichen Tode stets Verkürzung des Lebens von fremder Hand gesucht, weil sie nach dem Zwangtode nicht in des Nebelland der Vergessenheit, sondern in das Walhalla der Ehre und Freude zu kommen, versichert waren. Ja der berühmte Kämpfer Staukather wußte sich in seinem Alter nicht anders zu helfen, als daß er für Geld jemand gewann, der ihn des natürlichen Todes überhob. — Wie ganz anders und gemilderter erbt dieser Gebrauch unter uns allen sich fort, daß Personen von Stande, ja bloße Honorazioren (Fürsten ohnehin) einen Mann erwählen, der das sogenannte Sterben natürlichen Todes durch seine Mittel verhindert. Nur gemeinstes Gesindel macht sich keine Unehre daraus, die Seinigen ohne Doktor und ohne einen Tropfen Arzenei dahin fahren zu lassen. Ganz natürlich wird vom Arzte das gewaltsame Sterben zu einem natürlichen eingekleidet und versüßt. In der That werden so wenige und kleine Schmerzen und Wunden gemacht als nur möglich — statt der Lanze werden Lanzetten genommen, oder statt der Streitärte Schnepper, statt der Feldschlangen Blutigel, statt Flintenkugeln bloße Bleiextrakte, ja größere Kugeln nur gehälftet, und nach ausgelöschtem Feuer, als Schröpfköpfe aufgesetzt; ja die glühenden Eisen- und Stahlkugeln (globuli martiales) werden sogar erst in Wasser abgelöscht, und dann doch nichts davon genommen als letzteres zum Baden; — das Feuer aus Mörsern unterhalten nur Stößer, aber mit sanfterem als mit Karthaunen-Pulver, und statt der Batterieen wird eine elektrische oder eine galvanische kaum gehört; so wie gezogne Röhren sich als ziehende, unter dem Namen Klystiere, milder ausnehmen. Und so wäre noch manches Andere beizubringen von dem kriegerisch ärztlichen Abschneiden des Proviants: des Fleisches, des Kaffees, des Biers, des Weins; welches Abschneiden der Lebensmittel die Pazienten sich leicht gefallen lassen, da sie ohnehin keine Eß- und Trinklust haben.

Der Wechsel der verschiedenen ärztlichen Systeme thut dem Zwecke, das skandinavische Herkommen nach den Zeiten gemildert zu erhalten, statt irgend eines Eintrags, vielmehr wahren Vorschub durch die Aufhebung der Einförmigkeit in Mitteln, wie man schon in kleineren Verhältnissen dem Pazienten zu gefallen dieselbe Arzenei bald in Pillenform, bald in Tropfen, bald in Einreibungen verordnet; daher bemerkt Hufeland mit Recht, daß Dr. Markus in Bamberg zwar nach drei ganz verschiedenen Systemen, wovon das gastrische und das brownische einander gradezu widersprachen, auf seiner medizinischen Laufbahn zu Werke gegangen, aber immer bei dem nämlichen Ziele angelangt*), und noch neulich Lord Morgan, nachdem er in einem Anhange zur französischen Reise seiner Frau die Verschiedenheit der Kurmethoden der englischen und der französischen Aerzte sehr kenntnißvoll aus einander gesetzt und es dargethan, wie ausschließend man in England die stärkende, und in Frankreich die ausleerende herrschen lasse, da fügte der Lord die unparteiische Bemerkung hinzu, daß dessen ungeachtet in beiden Ländern die Sterblichkeit dieselbe bleibe. Auch wäre in der That das Gegentheil uns nicht sonderlich willkommen, denn wie könnten dann noch richtige Sterbelisten für Erdbeschreiber und Statistiker, oder gar brauchbare für Kameralisten — welche hier auf ganz festen Tabellen den Wittwen Häuser, nämlich ihre Wittwenkassen, bauen müssen — geliefert werden, wenn die Sterblichkeit der Länder sich nach den verschiedenen Heilmethoden der Aerzte richten wollte? Aber zum Glücke sind wir hierin geborgen.

Als Vult mit seiner Lobrede so weit gekommen, wollte sich der neue Doktor des Schmauses halb krank, ja halb todt darüber lachen, und ließ ihn nicht einmal fortfahren.

---

*) Nur die neueste aber noch wenig gangbare Kurart von Hahnemann — übrigens ein seltener Doppelkopf von Philosophie und Gelehrsamkeit — möchte ziemlich vor dem skandinavischen Ziel vorbeischießen, aber glücklicherweise wurde ein System, das am Ende den Ruin aller Apotheker und noch mehr der gemeinen Rezeptier-Köpfe nach sich ziehen mußte, noch wenig von den Praktikern angenommen und fast mehr verabscheut als untersucht.

III.

Aus des Kandidaten Richter Tagebuch.

(Abschweif oder Enklave aus dem 5ten Bande des Kometen.)

Ueber Tagebücher überhaupt.

Schlag' ich den Kalender des künftigen Jahres zum erstenmale auf, welch eine Welt von reichen 12 Welttheilen liegt vor mir! Zumal da die unähnlichen Jahrzeiten und Festtage im Ueberblättern sich keck durcheinander mischen und einander heben. Man kann darin keinen Tag mit einem magersten Heiligen ansehen ohne zu denken: was wird nicht dieser Heilige bescheeren, z. B. der heilige Benedikt? — läuft man aber den durchlebten Kalender wieder durch, so stehen die meisten Tage wie die schwarzen Bäume des Gartens im Winter da, und man weiß kaum zu sagen, an welchen etwas Rothes gehangen.

Wer vollends in mehre rückwärts hintereinanderstehende Kalender schaut, der findet darin, wie in einem Spiegel, die absterbenden Abbildungen eines zweiten Spiegels, eine Reihe farbloser Verkleinerungen der Gegenwart, bis zuletzt die rothen Tage in ein dunkles Mitternachtroth verschwinden.

So steht die Sache auf der einen Seite, aber nicht auf der andern.

Jeder Tag, sagt man, hat seine eigne Plage, folglich auch seine eigne Freude, und also die innern oder äußern Anlässe dazu. Es gibt kein so einförmiges Leben auf der Erde, wo auch nur ein Tag einem zweiten ähnlich wäre, geschweige mehre Tage; das Jahr besteht ganz aus 365 bis 366 Schalttagen. — Steigt zu den Männern auf dem Leuchtthurm hinauf, welchen erst in Monaten etwas Lebendiges besucht, wenn nicht ein Seevogel sich auf ihr Gebäude setzt. So wie der Eine aufsteht, kann ihn der Andere mit den Winden, Wolken und Sternen, ja Schiffen der Nacht überraschen. Wogen, ferner Vögel, Wolken, Schiffe, ziehen täglich anders — Frühstück, Mittag und Abendstück fallen schon durch neuen Hunger und Zubereitung jeden Tag neu aus — die Stiefel, an welchen die Leuchtthürmer zum Verkaufe arbeiten, bieten von Stunde zu Stunde im Fertigmachen neue lederne Seiten, neue Näthe dar, — ihre Leucht-Zurüstungen auf die Nacht, ihre täglich, ja stündlich verschiedenen Gespräche und ihre unendlich verschiedenen Gedanken, die, wenn Erinnerungen darunter sind oder auch Hoffnungen, sie durch ganze Marktmessen voll wechselnder Auftritte durchjagen, vollends aber die ankommenden Proviantschiffe mit ihren Lebensmitteln und Neuigkeiten, die Monate mit den ihrigen, und die ganz hellen Nächte und Tage. — — In der That ein solches Lebens-Bunterlei an Einem Tage, so daß man auf dem Thurme leichter alles andere findet, als Einförmigkeit! — Und doch! was ist das ganze Waarenlager von den täglichen Neuigkeitcu der Leucht-Thürmer gegen den Packhof davon, z. B. den Pfarrhof eines Landpastors, der gar sein festes vielfarbiges Land hat bei wenigem Wasser — seine vierhundert Seelen von Bauern — vielleicht eben so viele Seelen in Büchern; — Garten und Felder — und nebenbei doch noch das

Thürmerwaarenlager. — Aber man darf hier gar nicht mehr vergleichen, denn sonst wollt' ich mich anheischig machen, sogar den so sehr unterhaltenden Landpfarrer mit seinen 400 Seelen wieder zu Nichts einzuschmelzen, blos dadurch, daß ich ihn gegen seinen Superintendenten hielte, oder einen sonstigen Städter, der Hofleute gar nicht zu gedenken; denn das Messen ginge immer höher hinauf, bis man gerade — und zwar schon unterwegs — das Widerspiel fände, nämlich tägliches Leiden an der Eintönigkeit und Einschläfrigkeit des Lebens.

Aber woher kommt denn so unerwartet wieder dieses? Blos von dem auf irgend einer Zukunft festklebenden Blicke, unter welchem die hinführende Gegenwart nur farblos und unscheinbar wegläuft. Daher findet das Kind, das über keine tägliche Gegenwart hinwegsieht, in dieser lauter Abwechslung; der ältere Mann aber findet sogar seine Jahrzehende einander ähnlich.

Daher sollte man nur Tagebücher der Empfindungen schreiben, nicht der Begebenheiten; weil diese nur durch jene sich aus dem historischen Einerlei ihrer Menge erheben. So bricht dasselbe Mondlicht sich anders im Auge des Dichters, der Geliebten, des Reisenden, des Sternsehers, des Jägers und des Diebes. Aber wie, nach Plutarch, der ältere Kato eine römische Geschichte ohne Namen schrieb, so könnte man eine einzige, namenleere, aber sachvolle, gute, glaubwürdige Lebensgeschichte aufsetzen, welche ein ganzer Klubb Menschen auf einmal als die seinige gebrauchen könnte, blos indem jeder seinen Namen darüber setzte.

Das beste Tagebuch, wo Aeußeres und Inneres, Empfindungen und Begebenheiten von selber in einander fließen, ist überhaupt ein Buch, worüber es auch sei.

Dem bloßen Gelehrten sind seine Exzerpten, seine Rezensionen, und die Werke, die er theils macht, theils liest, peruvianische Knotenstricke seines Lebensfadens; dem Geistlichen sind seine aufgeschriebenen Predigtjahrgänge, Gedächtnißpredigten und Denkschriften seiner Herzenslagen — ja, dem begeisterten Geschichtschreiber werden fremde Geschichten zugleich die eigne seines inneren Lebens unter dem Schaffen. — Aber nicht einmal die Weiber ausgenommen, welche die Tag- und Abendbücher ihrer Gefühle auf feinem Postpapier unter dem Namen: Briefe an eine Freundin oder gar an einen Freund, weniger heraus, als auf die Post geben — schreibt unter allen der Dichter sich selber das beste Tagebuch seines Herzens. Seine ersten Darstellungen, weniger aber die spätern, wo er schon mehr in die Kunst zerrinnt, und mehr aus seiner Vergangenheit als seiner Gegenwart holt — sind die mit Feuer eingebrannten Bilder seiner Jugendgefühle; durch sie hat er sein Leben, besonders das unwiederbringliche seines Innern sich selber befestigt und verewigt. Göthe hat in seinem Werther seiner Jugend, Unsterblichkeit, nicht blos dem Außen, auch seinem Innern gegeben. Blumen, die nur in einer einzigen warmen Zeit aufbrechen und unter keiner spätern Sonne, diese hat er zu seinem Immergrün gemacht und von seinem Werther wird sein Alter so gut wie fremde Jugend bereichert.

Nur unser Herz ist eigentlich unsre eigne Geschichte; die Begebenheiten theilen wir mit Stadt und Land. Gleichwol überlassen wir die Aufbewahrung unserer lebendigen, das Leben befruchtenden Blüten dem Kräuterbuche der Erinnerung, das sie duftlos, platt und grau gepreßt, zwischen seinen Blättern hat. Denn obgleich die Erinnerung die frohen Minuten Eines Tags in den Brennpunkt einer einzigen Minute sammelt, so wirkt diese Verdichtung doch nur wie die der Mondstralen blos Licht, nicht Wärme. Nur die Kunst *), diese verklärende Wiederbringung aller Dinge, läßt die alten Gefühle lebendig aus der Vergangenheit auferstehen, indem sie auf ihre Weise ihnen Zeiten und Räume der Wiedergeburt bereitet. Aber wer es kann, sollte eben sein eigener Dichter für seltene, einzige, durchgreifende Stunden — als für die Stundenrufer des ganzen Lebens — werden, durch ein Tagebuch, das vom äußern historischen Gerüste und Spalier blos so viel aufstellte, als zum Befestigen und Anknüpfen der lebendigen Blüten nöthig ist.

Und da hier natürlich nicht vom Gewöhnlichen die Rede ist, das sich durch sein Wiederkehren von selber verewigt — sonst verschlänge das Tagebuch die Tage, und das Erdenleben würde bloßes Beschreiben; ja dieses unter der Hand wieder jenes — und da das Beste zugleich das Seltenste ist: so würden solche Fixsterne höherer Stunden, die sonst nur als wegfliegende Sternschnuppen oder Himmel-Erscheinungen vergangen wären, als Sternbilder des Kreises, durch welchen das Leben gezogen wäre, fortblitzen, und der Mensch könnte oft nach ihnen aufwärts blicken. — — So etwas wäre wol etwas für den armen Menschen, zumal da er eigentlich in der Leere seiner Gegenwart nur nach neuen und starken Gefühlen aufsieht und jagt, blos weil er die alten nur im Kopfe, aber nicht im Herzen behalten. —

*) Dieß wurde später im Aufsatze: Immergrün der Empfindungen ausgeführt.

Soviel aus dem Eingange zu des Kandidaten Richter Tagebuch. Wie treu er sich darin selber Wort gehalten, ersieht die ganze Nachwelt aus seinen späteren Werken, in welchen er seine in Spiritus aufbewahrten Empfindungen an seine verschiedenen Helden und Heldinnen vertheilt hat. Den Schatz von Bemerkungen auszupacken, dauerte für den Leser des Taschenbuchs wahrscheinlich zu lange, dafür will ich ihm blos einige Bemerkungen über Fürsten und Hofleute ausheben, welche er schon auf dem kurzen Wege bis nach Lukasstadt als Reisegesellschafter und Wetterprophet des Fürstapothekers niedergeschrieben, eines Herrn, dem und dessen Hofe dieser Schriftsteller die sonst unerkärliche Weltkenntniß in allen seinen früheren Werken allein verdankt. Hier z. B.:

* * *

Huldige als Mann lieber der Hofdame, als der schon verwöhnten Fürstin; jene wirkt für dich bei dieser.

* * *

Fürsten schmeicheln selber, weil sie immer geschmeichelt werden.

* * *

Viele Kabinet- und Hoffeinheiten borgen einen Schein ihrer größeren Feinheit von der Größe der Zwecke und der Personen. Dieselben Feinheiten werden oft von niedrigen Personen für kleinere Verhältnisse angewandt, aber weniger geachtet.

* * *

Fürsten gewöhnen sich durch ihre Hofleute eine glatte Kälte und feine Zurückhaltung auch gegen das Volk an, das sich schwer in sie findet.

*
* *

Nach den hohen Ständen behaupten vielleicht nur die niedrigen den besten Anstand vor Fürsten; nicht so gut der mittlere Stand, zumal der gelehrte.

*
* *

Der Fürst braucht zum Glauben an viele Heuchler und Undankbare gar nicht Unglauben an die Menschheit, sondern nur seine Thronhöhe, von wo aus ihm die Mehrheit der Schuldigen ja mit der Mehrheit der Abhängigen wachsen muß. Ein Privatmann kann leicht mehr Gute als Böse unter seinen wenigen Bekannten antreffen und folglich deren noch mehre in der Menge voraussetzen.

Der Bienenschwarm.

Bruchstück aus des Kandidaten Richter Tagebuch (zum 4ten Bande des Kometen.)

— Unten am Berge lief das Gerücht umher, daß wir, wenn wir Reisenden früh genug hinaufgelangten, noch dem feierlichen Leichenbegängniß des alten zur Ruhe gesetzten Oberhofmarschalls am Lukasstädter Hofe zusehen könnten. Dieser war sogar auf dem Dorfe, wo er zuletzt lebte, nichts anders geblieben, als die Zierlichkeit und Artigkeit in Person. Er soll, nachdem er die Kinderschuhe ausgezogen, nie anders als in Schuhen gegangen sein, weil man an Thronen wie am Vesuv nur in solchen erscheint. Wir Alle kannten ihn nicht, aber es sollte mich wundern, wenn wir uns nicht Menschen denken könnten, so abgemessen einherschreitend, wie Leute über ein gepflügtes Feld — so leise wie Schnee auffallend — nicht blos zierliche, sondern auch wie gebrochen-geschriebene Seelenfrakturen (also gebrochene Brüche) — Menschen, denen das faulste Fleisch gut schmeckt, wenn es ihnen nur so aufgetragen wird, wie sonst den französischen Königen jede Fleischschüssel, daß nämlich vor ihr zwei Gardisten vorangingen, denen der Huissier nachschritte, diesem der maitre d'hôtel mit seinem Stabe — dem maitre der dienstthuende Gentilhomme Panetier sammt dem General-Controlleur, dem Controlleur der Küchenschreiber und die Träger des Fleisches — endlich der Küchenmeister mit zwei Gardisten. Menschen, welche recht gern wie der König von Spanien blos trinken, so lange andere knieen, aber auch eben so gern knieen, als der Herr trinkt.

Als wir die Höhe endlich erreicht hatten, sahen wir den Leichenzug des alten Hofmarschalls langsam heranziehend. Vom Hügel seines Schlosses herab bewegte er sich auf einem wohlgehaltenen Fahrwege, der gerade in sein Dorf und an die weitoffene Kirche führte. Er war so zierlich als ihn die ländliche Nachbarschaft geben konnte. Voran schwankte der Ordnung gemäß die singende Schuljugend mit dem langen Kreuze; darauf der Schulmeister mit seinem Pfarrer, darhinter der Oberhofmarschall selber auf einer erhabenen Bahre voll Ehrenzeichen mit seinen untergeordneten Leichenmarschällen, die mit ihren Stäben und Krücken fleißig die Träger ablöseten und so durch deren fleißiges Unterstellen den guten Mann noch mehre Minuten länger im Freien und in der Gesellschaft erhielten — endlich schleppten sich noch vier Trauerkutschen, an denen die Kutscher und Pferde vor Flören gar nicht zu sehen waren, nach, und wenn man will, kann man den aus dem Schloßhofe herausquellenden Nachtrab von Bedienten und Bauern auch für etwas rechnen.

Unter diesem Nachtrab entstand auf einmal ein unbegreifliches Auseinanderfahren — als wäre er geschmolzenes Blei, in Wasser geschüttet — der ganze lange Leichenzug verwandelte sich plötzlich in ein Leichenrennen. Die Jungen wurden singende Eilboten — der mit dem Kreuze hielt dieses wie ein Bajonet vor — die Leichenmarschälle rannten nach und hielten die Krücken fechtend gen Himmel — die acht Träger trabten wie ein doppelter Postzug von Harttrabern — die Kutscher peischten die Pferde und überfuhren beinahe den Leichnam — die Bedienten sprangen herab und wedelten mit den Schnupftüchern. Himmel! so kursorisch wurde noch Niemand begraben, und keine Jagdtaufe glich diesem Jagdbegräbniß.

Wär' es freilich ein Pesttodter gewesen, dessen Ansteckung, oder ein Robespierre, dessen Aufleben zu befürchten: so hätten wir auf dem Berge uns Alle etwas dabei denken können, ja sogar bei einem ähnlichen Todtentanz bei der Beerdigung des korsischen Hornissenweisels wäre herauszubringen gewesen, wo der Hund begraben liegt, nach dem Ableben seines irdischen Bienenmantels.

— Aber so waren wirklich wahre — Bienen — die Sporen der Geschichte. Der Selige hatte nämlich seiner einzigen Erbin einen Bienenstand von mehr als zwanzig Körben hinterlassen. Dem Fräulein mochten nun verständige Bienenväter gerathen haben, sämmtliche Körbe unter dem Begräbniß ein wenig verrücken zu lassen, weil die Bienen (nach einem bekannten Glauben) durch diese Verrückung ihres Wittwenstuhls ohngeachtet des verlornen Bienenvaters dann gedeihen und bleiben. Aber die betrübte und komische Folge davon war, daß die Bienengesellschaft, zumal bei der Gewitterschwüle des

Nachmittags, in Schwärmen aus ihren Körben der Trauergesellschaft nachfuhr, und als ein fliegendes Corps Menschen und Thiere anfiel und mit Stacheln zum doppelten Todtenmarsch anspornten.

Sie setzten sich auf alles was ging und trauern und den Tod betrachten wollte. Der träge Eisgang wurde ein schießender Strom, die Florschweife wedelten mit Mühe nach oder flatterten als leichte Läuferschurze vor. Zum Glück konnte man das Sing-Gekrächze im Fluge kaum recht vernehmen. Sämmtliche Leichenkutschen, denen bei dem allgemeinen Stechen ihrer selber und ihrer gespornten Pferde wenig mit Leib- und Lebensgefahren gedient war, ließen, um sich nicht eigenhändig zu Grabe zu fahren, die Pferde nach Kräften laufen, und fuhren ohne Bedenken dem Seeligen vor, um nur vor allen Dingen — früher als er selber — in die Kirche zu gelangen, wo Dunkelheit und Kühle Hülfe gegen das fliegende Corps versprachen.

Der Oberhofmarschall war der letzte, der in seinem Ehrentempel erschien — vornehm genug, da nur Fürsten im Zuge zur Tafel ihr Hofgefolge vorausschicken und selber zuletzt ankommen.

Als endlich Alles in der Kirche angelangt war, ein Jeder aus den Kutschen, und ordentlich bei sich und neben dem Andern, aber die Bienen draußen: so war Niemand weiter mehr schlimm daran als der Pfarrer, welcher vor dem Altar gelassen und gehalten sprechen sollte — auch einen an sich guten Eingang vor sich hatte, worin er die allgemein niederschlagende Trostlosigkeit, den Schmerz des Ueberlebens, die Schwierigkeit, sich von den letzten Resten zu trennen — so gut darstellte, daß die Rede gar nicht zu gebrauchen war. —

Ehe wir Hofleute weiter zogen, sahe der Marggraf seinem Oberhofmarschall ins Gesicht, und wir alle bemerkten, wie es ihn schmerzte, daß ein solcher Mann, der an seinem Hofe jedes Zeremoniell blos für den Fürsten so ängstlich angeordnet, indem er es niemals an etwas fehlen ließ als an sich, weil er sich für nichts hielt — eben so erbärmlich mit so unterbrochener Feier — so daß die passive Trauerfeier eine aktive Freudenfeier geworden — nach einem langen Leben voll Hofprunk mit einem Begraben voll Lachen in die Gruft gehen mußte.

IV.

Trostantwort auf Ottomar's Klage über die Zeitlichkeit des Lebens.

(Extrablatt aus dem 4ten Bande der unsichtbaren Loge.)

Ottomar.

Ich werde recht des Lebens satt, eben weil es nicht satt macht. Man schmeichelt uns, wenn man uns mit Eintagfliegen oder Haften vergleicht, denn diese leben als Würmer (nach Swammerdam) über drei Jahre in ihren Thongehäusen im Wasser, und mehre Tage lang an der Nadel mit der Stichwunde, bis sie endlich zur schönsten Zeit aus dem dunkeln Wasser in das milde Abendsonnenlicht aufsteigen, und nach kurzem Spiel ohne Nacht und Hunger verscheiden. Nach Verhältniß lebt der Mensch trüber und kürzer, und noch dazu mit dem Bewußtsein einer Kürze, die aus fliegenden Kürzen besteht.

Höchstens sind wir Eintagsfliegen mit umgekehrter Verwandlung, spielen auf Flügeln ein paar Morgenstunden in der Jugendsonne, legen dann, statt uns zu häuten, Haut nach Haut an, um Puppen zu werden und endigen auf dem Boden als Larven oder Würmer.

Das Vorüberfliegende und Schießende der Zeit auf ihren Terzienflügeln verhüllen wir uns durch das Rechnen — Messen — derselben nach großen Stücken, nach Jahrtagen und Jahren; der Tag aber zerstückt sich in 1440 Minuten — oder gar in die 435,600 des Jahrs — so sehen wir das reißende Rinnen der Zeit an den kleinen Wellen, so wie uns umgekehrt das Durchleben von Jahrzehenden fast wie stehende See'n vorkommt, die wir durchzuschwimmen haben. Berthoud erfand Pendeluhren, welche Sekunden ausschlagen, diese Sekundenuhren läuten nun auf allen Welten und Sonnen unaufhörlich seit der Ewigkeit, aber dieses Leichengeläute des Daseins, oder der ewigsterbenden Zeit, klingt vor meinen Ohren fort und ich muß in jeder Minute daran denken.

Das eilige Vorüberfliegen in mir, nicht blos außer mir, löset, entkräftet und verdünnt mir alle Genüsse bis zu den sinnlichen herab. Das Tonstück wird in die Augenblicke der Zeit zerstückt, auch sein Nachhall im Gedächtniß durchläuft blos noch einmal sein gliederweises Sterben. Einen andern können die sinnlichen Geschmackfreuden besser ergreifen als mich, der ich mich nicht erwehren kann, die vorübergleitenden Schmeckpunkte in ihrem Abgleiten zu verfolgen, ob sie gleich wie ein umgeschwungener Lichtpunkt den Trug eines Ganzen vorspielen. Freilich ein Gemälde und eine Bildsäule fliegen außen nicht unter dem Genusse wie eine Melodie oder ein Blumenduft auseinander; aber in meiner Seele kommen sie doch verfliegend und verstäubend an, und so ist denn im Innerlichen alles in seinem und meinem Leben bloßer Wasserfall oder bei schönerer Täuschung, bloßer Regenbogen; der Bestand besteht aus Vergehen; der feste Bogen und bewegliche Fall aus Tropfen, und zwar wiederholt sich die äußere Verflüchtigung als innere und geistige.

Freilich große überfüllende Gefühle, wie des Frühlings, der Liebe, der Erhebung zum Unendlichen, verbergen ihr Fließen wie das Meer das seinige; aber dasselbe stehende Meer, das nicht wie ein Bach dahin zu rinnen scheint, geht, wenn nicht vor=, doch aufwärts als Wasserwolke. Es ist einerlei, nehme man dieß bildlich oder nur unbildlich.

So sterb' ich täglich am Anschaun der Sterblichkeit. Das Verfließen der Menschen spiegelt sich im Verfließen der Augenblicke. In großen Städten versteckt sich freilich hinter die Menge der Lebendigen die Vergänglichkeit derselben, als könnte einer den andern gegen sie decken, indeß die Menge eben die Zahl der Vergehenden erhöht. So erinnert das Schlachtfeld ein Heer grade nur an die Lebendigen, nicht aber an die todt Gebliebenen; — oft überwältigt es mich, wenn ich lange in den Zaubergärten der Bücherwelt gewandelt, daß ich ja lauter Verstorbene, einen redenden Gottesacker um mich gehabt. Aber dieses Fortleben auf dem Papier — den Bücherbrettern — da jedes Buch ein Buch des Lebens für den Verfasser ist — wendet mehr, als alle Zerstreuungen der Welt, die Augen der Studierstubeneinwohner von dem ewigen Umfallen der Menschen nach Menschen ab. Auf jedem Grabe steht ihnen, als eine Memnons Statue, der Mensch fort, der sein Buch geschrieben *); sie sehen die leuchtenden Geister, wie Herschel durch das Feld seines großen Fernrohrs die Sterne, wie Milchstraßen, zu Tausenden vorüberlaufen, ohne an die Erde zu denken, in der sie liegen, ja der lebendige Schriftsteller fühlt sich schon in seinen unsterblichen Namen verwandelt, und wirft seinen Körper nur als Puppenhülse ab, um als leichtere Psyche über seinen Werken zu schweben.

Ich weiß wol hier vieles, was Trost geben oder heißen kann, aber es ist schon schlimm, daß man Trost braucht.

So leb' ich nun, und der Tod sieht mich als ein Argus mit seinen tausend Augen in einem fort an! —

Trostantwort.

Gegen die Endlichkeit gibt es freilich nicht viel Trost. — Mit Kant sich uns die Zeit als eine bloße Form zu denken, würde nicht viel leichter sein — da der Zwang der Anschauung, obwol an andern Stellen unseres Ich, derselbe ist — als sich das moralische Gesetz als bloße Anschauform des Herzens aufgehoben vorzustellen, und da der Zeit auch der Raum nachsänke, so begrübe dieser wieder in seine Gruft die ganze Mathematik und folglich eine Gewißheit, mit der jede andere menschliche nachstürbe. — Und doch entscheidet dieß nicht genug; denn das Sein der Ewigkeit, welches jede Zeitlichkeit oder den alles verschlingenden Saturn verschlingt, ist auf gleiche Weise voll Widerspruch und über allen Widerspruch zugleich unleugbar und undenkbar.

*) Was für den Gelehrten der Büchersaal, ist für das Volk alles was außen fest steht, Feld und Haus und Stadt und Nachkommenschaft.

Aber wozu im hiesigen Dasein alle diese Fernen des Verstandes und des Herzens? Hier müssen wir uns zuvörderst auf das einrichten, was wir halten und aushalten. Auch ich, lieber Ottomar, plage mich zuweilen mit der Anschauung der Vergänglichkeit, womit ich mich früher erhoben. Und in der warmen Jugendzeit, in der Knospenzeit der Ideale und der Leidenschaften zugleich, gewinnen beide durch den Blick auf den dunkeln Hintergrund des Daseins. Das Leben reift wie Trauben an schwarz angestrichenen Mauern schöner und feuriger an den warmen Stralen, die der dunkle Hintergrund sammelt und zurückwirft. Auch stört — frage jede Jungfrau und jeden siechen Hölty — das näher gerückte Schattenspiel des Todes keine einzige Freude, sondern der Schatten vermischt sich blos mit der scharfen Lebens-Helle zu einer Morgen- oder Zauberdämmerung ihres irdischen Anfangs. Ach! ihr frommen Jungfrauen, die ihr so willig hinunter ginget ohne andere Brautkränze als die, welche eure Freundinnen auf eure Bahre legten; und ihr Jünglinge, die ihr in das mitten aus Euerer Laufbahn ausgehöhlte Grab mit Ergebung einsanket, obgleich die Siegpalme eures halben Laufs in der Ferne stand, ihr bewegt und beschämt die älteren Menschen, welche nach langem Erreichen und Genießen immer nur wieder anfangen wollen. Ihr zeigt uns, was die Grabhügel sein sollen.

Verdamme mich daher, lieber Ottomar, nicht ganz, wenn ich früher zu oft an Nachtstücken oder Sargdeckelstücken der letzten Stunden, oder als Silhouetteur der unterirdischen Schatten gearbeitet habe. Die Glut des Lebens, so wie der Frost des Leidens werden durch die Blicke auf die Grabhügel gemildert, so wie die Gebirge im

Sommer die Hitze der Länder mäßigen, und im Winter die Kälte derselben.

Im Alter hingegen hat man mehr Jugend nöthig, mehr Rückwärts- als Vorwärts-Schauen, da wir eben im Alter unser eignes Echo sind, das wie jedes andere nur in immer tiefern Tönen wiederholt. Ich komme nun zu dem, was uns die Zeitlichkeit das Vertropfen und Verdünsten des Daseins erträglich, ja unsichtbar machen kann.

Um zum Troste zu gelangen, thu' ich mir die Frage: warum ihn so viele Tausende gar nicht brauchen, die Kinder, die Wilden, das Volk, sogar die Unglücklichen? Können wir Andere nicht eben so glücklich sein wie diese Alle, beinahe hätt' ich gesagt, die Unglücklichen? Lasse dir das Leben nicht von Außen vormessen, wie unwiderstehlich sogar bei Ungebildeten der Strom mit seinen Wogen als rinnenden Augenblicken thut — sondern von Innen durch ungetheilte Gedankenmassen: so wird sich die Zeit oder das Leben nicht in leere Terzien zersetzen, sondern in lebendige Gedankenmassen zergliedern. Thue etwas, so spürst du wenig Zeit; thue viel, so spürst du höchstens zu wenige.

Mache einen Feldzug — einen Bauplan — ein Heldengedicht — ein Kunstwerk — ja eine bloße Reise. Die Zeit der Gegenwart verliert ihr Zerrollen durch deinen Gang und Blick nach einer Zukunft, die unbeweglich bleibt; ja die Flüßigkeit der Zeit wird zur Schwerfälligkeit einer Unzeit. Eben so verdeckt der Schmerz die Zeit-Zerrinnung so sehr, daß es vielmehr gerade ein Heilmittel gegen ihn ist, ihn unter die weglaufenden Terzien zum leichteren Tragen auszutheilen.

Am stärksten hören wir das Rauschen und Verrauschen der Zeit, wenn wir in der Einsamkeit nur unserem Ich zuhören, aber ein zweiter Geist scheint dem unsrigen ordentlich die Gegenwart zu befestigen, so wie ein zweites Wesen uns an der kalten Gespensterfurcht lebendig erwärmt. Wie vor jeder Kraft der Innigkeit und Erhebung zugleich, verbirgt sich vor der Liebe als der schönsten das Fließen der Zeit, und ihr Strom verliert sich als eine perte du Rhone vor dem Herzen, das liebt. Jedes Gefühl ohnehin, sogar des Hasses, aber am meisten das der Liebe, verleiht sich und seinem Geliebten Ewigkeit; wie sollt' ihm dann die Zeit mit ihren laufenden Wellenringen erscheinen? — —

Auch die Wissenschaft thut dasselbe und kennt keine Zeit, weil sie keine Erschöpflichkeit ihrer selber erkennt. Es liegt eine so erhebende Gewalt über Zeit, Endlichkeit und die niederbeugenden Lasten des Lebens in aller Untersuchung und Wissenschaft, von der Philosophie und Mathematik an bis zu den niedrigen nach außen, daß man das Leben — wie Bucephalus vor dem Schatten erschrickt, den er wirft — nicht besser handhaben kann als wie Alexander sein Roß, indem man es gewaltsam nach dem L i ch t e dreht und dann es gebraucht. Wahrlich der Ungläubige an Unsterblichkeit läßt sich das Einäschern seines Wesens durch den Gedanken gefallen, daß die Asche aller seines Gleichen immer wieder von der Sonne zu neuen Phönixen ausgebrütet werde.

Unsere irdische Zeitlichkeit erlaubt auch noch allerlei lindernde Ansichten. Eigentlich gibt es i n uns keine Augenblicke und Zeittheile, sondern nur Einen ewigen Augenblick, vor welchem außen die anderen vorüberfließen. Wahrhaft bricht unsere innere Gegenwart nie ab, und sie bleibt das Unvergängliche unter dem Vergänglichen, das an ihr herabschmilzt und rinnt. Unser geistiges Auge muß nur sowol in der Ansicht der Zeit, als der Leiden, nicht die Täuschung unseres körperlichen sich wiederholen, dem die festen Fixsterne zu laufen scheinen, indeß sich blos die Wolken unter ihnen bewegen. — Unaufhörliches Fließen ist Stehen; ein ewiger Strom ist ein stehendes Meer. Das Vergehen der Zeit kümmere dich nicht, da sie eben ja nie vergehen kann und folglich ewiges Entstehen in sich schließt und mitbringt und deine Freuden nicht sowol vernichtet, sondern nur verändert. Und kann denn in uns auch nur das kleinste Gefühl oder das kleinste Gedankending verschwinden, ohne durch ein neues fast früher ersetzt zu sein, als das alte — denn im Geiste gibt es keinen leeren Raum — abgetreten ist; und steht also nicht eine unverrückte ewige Welt vor uns fest? Oder was will denn sonst noch eine Ewigkeit im Menschen?

Letzte Antwort: Das Herz. Nun für dieses wird schon künftig der sorgen, der die Zeit herausgab aus seiner Ewigkeit und der wieder diese hineinlagerte neben jene, ins Herz. Erschüttert dich zu sehr das Flüßige, Fliegende des Lebens: so schaue den alten Festen an, Gott!

Unternacht-Gedanken über den magnetischen Weltkörper im Erdkörper; nebst neun magnetischen Gesichten.

Erstes Gesicht.

Nachtgedanken — die Göttin des Lichts und der Kraft.

Wie der Mensch über die äußern Herrscher seinen angebornen innern vergißt: so ließen wir auch bisher die Erde von fernen Planeten regieren, indeß sie selber einen regierenden in sich trägt. Nach einer neuesten Vermuthung*) bewegt ein Welt- und Magnetkörper in unserer Erdkugel sich um dieselbe; er steht 172 Meilen von ihrem Mittelpunkte ab und legt den Umlauf in 440 Jahren zurück. Seine Stellungen in den vier Jahrhunderten entscheiden die Richtungen unserer Magnetnadeln; und der großen Zeigerstange in der Erde drehen alle kleine Kompaßweiser über ihr sich in ihren Richtungen nach. Steinhäuser könnte aus den säkularischen Standpunkten dieses angenommenen Zentralmagneten ganz zutreffend nicht nur die bisherigen Abweichungen der Nadeln in den verschiedenen Zeiten und Ländern ableiten; sondern sogar den jetzigen Anfang einer neuen Abweichung von Westen nach Osten weissagen.

*) Von Hr. Professor Steinhäuser. S. Gilberts Annalen 1817. B. 27 S. 4, wo er diesen mit dem geistigen Sehrohr entdeckten Nebenplaneten der Erde Minerva nennt — später in der allg. Literatur-Zeitung Nro. 14. 1818 tauft er ihn Pluto.

Mög' übrigens ein anderer diesen Regentmagneten eben so gut in einem Weltkörper außerhalb der Erde zu finden glauben, oder ihn gar durch eine bloße Gleichung zusammenwirkender Anziehkräfte ersetzen lassen, so wie nach La Place mehre Sonnen um eine leere Stelle laufen können, die sich durch das Gleichgewicht ihrer durchkreuzenden Anziehungen zu einer regierenden Mittelsonne bilden: der Magnetplanet, gleichsam unser Erdherz, behält, wenigstens für Seele und dichterische Anschauung, seinen Zauber und Gehalt.

In der ersten Nacht der sogenannten zwölf heiligen Nächte — deren man auch richtiger 365 zählen würde als blos zwölf, da die Nacht erhabener ist als der Tag, und die, wie sie bei den Alten die Mutter der Götter, so bei uns wenigstens die Mutter der Gedanken ans Göttliche heißen kann — nämlich in der Christnacht dachte ich an meine gewöhnliche Sylvesterschreiberei für das Morgenblatt, aber ganz kalt an mein vieljähriges wahrhaft erlogenes Empfangen regierender Planeten, gleichsam die letzten Unwahrheiten, womit ich das Jahr abschloß — und am allerstärksten an den im künftigen Jahr 1819 regierenden Hauptplaneten Jupiter aus drei Gründen: erstlich, weil ich ihn schon vor sieben Jahren im Morgenblatt bei dem Antritte seiner Regierung sehr feierlich einmal empfangen hatte, zweitens weil ohnehin an seinem Regieren kein wahres Wort ist, und drittens weil der Steinhäusersche Großmagnet, als ein zweiter Mond, der die Erde nicht wie der erste außen, sondern innen umläuft und also näheren und stärkern Einfluß auf uns haben muß, sich mir in aller seiner Wichtigkeit eines immer regen Erdherzens darstellte. Denn das Letzte ist er im eigentlichen Sinne und er muß mit seinen Herzbewegungen (Systole und Diastole) auf der Oberfläche und Haut unsers Weltkörpers herrschen und treiben und bald hier Ausschläge aller Art, Sommersprossen und Wintersprossen, Bleich- und Schwarzsucht, bald Röthe der Kraft, bald Weiße der Schönheit erzeugen.

Natürlicher Weise mußte in der Christnachmitternacht, wo ich, nur von Schnee und Sternen beschienen, einsam ging und dem Leben nachträumte, der magnetische Koloß unter meinen Füßen mir immer mehr sich nähern und heller vor das innere Auge treten; und dabei mußte der sogenannte thierische Heilmagnetismus sich zum Berechnen der Gewalt darstellen, womit der Magnet — wahrhaft für die geistige Welt das, was das verwandte Eisen für die körperliche geworden — zugleich stärker und unschuldiger, als die glänzenden andern Metalle thaten, in Geister- und Körperwelt auf einmal eingreift. „Wie muß erst, dacht' ich, wenn schon die kleine magnetische Wanne (Baquet) aus Eisenschlacken auf der Erde in so hohem Grade körperliche Heilkräfte und geistige Sehkräfte austheilt, den Menschen vollends das innere Riesen-Baquet mehre Meilen lang und breit, das da unter mir langsam weiter geht, und das durch alle Metall- nnd Wasser-adern mit uns wie mit Stangen und Schnüren in Verbindung steht, Herzen und Köpfe durchdringen und durchfüllen, zumal da wir alle in seinen weltweiten Einflußkreis stets eingefangen sind? Ist es nicht — fuhr ich fort — als ob durch eine besondere Stellung des Innenplaneten, durch irgend eine Sternverbindung (Konjunkzion) mit Deutschland, derselbe magnetische Strom, der einzele Menschen frömmer, heller und besser macht, in den deutschen Ländern ausgebreiteter eingewirkt, welche sich jetzo einer edlern Zeit erfreuen als vor Jahrzehenden?" Denn wahrlich viel — man lasse mich meine Unternachtgedanken zu erfüllten Neujahrwünschen machen — ist doch geschehen und gepflanzt und keimt an. Das jetzige Jahrzehend hat große gediegne Schätze gehoben und den bösen Geistern enthoben und entrückt; und es hat, um sie zu behalten, nichts zu thun als das Gegentheil der Schatzerheber — welche nicht zurück sehen dürfen, — nämlich sich recht sehr umzuschauen nach jeder Wind-Ecke hin.

Die Staaten heben ihre Schleier ab und zeigen ihr Inneres, weil sie die Kraft der Reife haben, gleich Traubenbeeren, welche nur in der süßen Zeitigung durchsichtig werden können und die Kerne sehen lassen.

Der Regenbogen des Friedens, der als leiblicher Zeuge über den Donnerschlägen des Schlachtfeldes von Schönbund gestanden, hat sich geistig vervielfältigt und die Regenbogen haben, wie die über einander stehenden auf dem Rheinfalle, sich zu Einem Bunde durch einander geschlungen.

Die Völker, lange vom Alp gedrückt und angstvoll ohne Bewegung liegend, können endlich auf Landtagen Ein Glied und Mitglied regen — und darauf wird, wie bei Schlafenden, schon der ganze Alpdruck weichen.

Noch fern liegt zwar die Zeit von uns, aber wir streben ihr zu, wo die Staaten sich weniger durch Körper als durch Geister bewegen, — gleich Merlins Uhren, die ohne Räder und Federwerk blos durch drei Magnete gehen, eine Verwandlung der Körper in Geister, wozu die jetzige umgekehrte der Menschenhände in Maschinen einst mithelfen wird *).

* Die Maschinen vertreten dann zum Theil die Heloten der alten freien Völker.

Die Umwälzungen werden aufhören, weil sie Erdbeben sind, welche den Thurm bewegen, um die Glocken zu läuten, und die Gesetze und Stände werden fortfahren und anfangen, weil sie die Uhrhämmer und Klöppel sind, welche die Glocken zu den rechten Stunden schlagen.

Die unsichtbare Glut der Religion und das kalte, aber desto hellere Mondlicht der Philosophie regieren mit einander dieselbe deutsche Zeit und gleichen in dem Ganzen das Uebermaß des Einzelen aus.

Das Licht, das heilige Licht, das erste Element, zu welchem Gott sagte „es werde,“ steht am deutschen Himmel sonnenfest — und die theologischen Gespenster und die politischen Nachtraubthiere treffen statt Nacht nur einen Schatten an, und fliehen bald wieder und verschwinden. — —

So durft' ich mich begeistern und mir die Unternacht erhellen. Immer näher leuchtete zu mir der magnetische Innenmond der Erde herauf, und ich dachte daran, wie ihn der Entdecker desselben zuerst Minerva genannt, gleichsam einen geistigen Lichtmagneten. Jetzo war mir, sei es nun durch das Selbermagnetisieren, durch ein Schlaf- oder vielmehr Traumwachen, oder durch Einflüsse, welche den Metall- und Wasserfühlern die Inlagen der Erde entdecken, oder durch ein wahres von der Kälte herbeigeführtes Träumen, genug mir war als schimmere das Sternenlicht, herunter gezogen, auf dem blitzenden Schnee, und ich schaute durch das Erdgewölbe hindurch bis zum tiefen Dunstkreis, worin die Magnetwelt um den Erdkern langsam zog. Anfangs war der Weltkörper mit einem dichten Glanze überdeckt, wie ihn die Hellseherin aus ihrem Arzte strömen und um die Fernen schweben sieht. Darauf ging das Lichtgewölk aus einander und brannte auf den gründunkeln Gipfeln von zerstreuten Oelhainen, worin offne Tempel standen, in langen Stralen gegen die Erdfläche herauf. Immer größere Olivenwälder und höhere Tempel zogen vorüber, so wie der Weltkörper sich weiter um sich selber bewegte, und endlich erschien in einem Kranze von Oelhainen zwischen hohen Tempelsäulen ein Thron, worauf eine Minerva, glänzend wie die erhabene, welche Phidias aus dem Marmor gezogen, aber riesenhaft und mit der egyptischen Riesen-Sphinx auf dem Helme, ruhte, und dem sterblichen Auge nur steinern und eisern erschien. Denn das Göttliche besteht aus Unbeweglichem, nur der Mensch ist ewiges Fließen, und die Gegenwart bewegt ihre kleinen Wellen zwischen den beiden steinernen Ufern der Zukunft und der Vergangenheit. Der Blick der Göttin war nicht, wie der Blick der griechischen, niederwärts, sondern empor gerichtet gegen unsere Erde. Ihre Aegide hielt sie zu uns herauf, nud es war als ob giftige blaue Dämpfe der Erdrinde in den offnen Mund des Medusenhauptes aus der Erde niedersänken und von ihm eingezogen würden. Die Olivenwälder stralten mit ihren Zweigen und Kränzen des Friedens, wie magnetisierte Bäume, nach unserm Erdtheile herauf. Minervens Speer schimmerte und blitzte wie ein Blitzableiter, und sie hielt ihn gegen den Pol-Stern, um gleichsam den Zeptern, als geistigen Magnetnadeln der Völker, die himmlische Richtung zu geben. Als ich lange in die hellen, zu uns heraufgerichteten Augen blickte, wurden sie schärfer und glänzender, als wollte die Göttin der Weisheit durch festes Anblicken die Menschenseelen, die mit ihr in Verbindung stehen, magnetisch begeistern und bewegen.

Wie Hellseherinnen das, was sie aus ihrem Lichtreiche erfahren, Heilmittel und Weissagungen, gewöhnlich von einem Engel oder von einem geliebten verstorbenen Wesen zu hören glauben: so nahmen in meinem magnetischen Traum-Schauen die Zeichen der Zukunft Minervens Zeichen an, und die stumme Gestalt der Weisheit-Göttin sprach durch Bilder die schönere Nachtzeit aus. Und welches Land dürfte gerechter die Pallas-Minerva für seine Schutzgöttin ansehen, als Deutschland, das am wärmsten die Wissenschaft anbetet, indeß England den Handel verehrt, und Welschland die Kunst? Und wenn Minerva stets bewaffnet und die Göttin des Kriegs ist, und doch die Feindin des Mars und die keusche Jungfrau: schlug nicht das Herz Europas immer in der Geschichte unter dem Panzer und für den Muth und die Tugend? — Gegen die brittische Arachne-Spinne wird uns die Göttin ihren Spinnrocken darreichen, und ihr Weberschiff gegen brittische Schiffe, so wie die athenisch-deutsche Eule der Gelehrsamkeit, so possierlich sie dem französischen Flattergevögel erscheint, zuletzt dieses selber verschlingt.

So und nicht anders werde mein erstes prophetisch-magnetisches Gesicht von jedem wohlwollenden Deutschen ausgelegt!

Das zweite magnetische Gesicht.

Die Kehrseite des Großmagneten — die theologischen und poetischen Ueberchristen.

Ich kann es mit gutem Gewissen durchaus nicht für Selbertäuschung ausgeben, was mir begegnete, weder das erste Gesicht, noch das zweite, welches mir erschien, als das letzte Mondviertel, als eine kalte, helle, und schneidende Sichel in der Nachmitternachtkälte aufgegangen war, und meinen Blick durch sein Sichellicht einige Minuten lang von der Erdtiefe abgeschnitten hatte. Denn als ich vom blauen Morgen wieder auf den Erdboden niedersah: fand ich unter ihm und mir alles verändert und umgestellt. Es hatte sich während dieser Minuten die um den Erdkern laufende Magnet- und Kleinerde in ihrer Achsebewegung schon auf die andere Seite gewandt; und zwar in so kurzer Zeit, daß die Bewohner derselben schwerlich eine längere Nachtzeit, als von 15 Minuten erleben, ob ich gleich bei einem so gänzlichen Mangel an allen Beobacht-Instrumenten und umgekehrten Sternwarten gegen unten gern um mehre Sekunden fehlgeschossen haben will. Doch so viel ist längst von allen Astronomen festgesetzt, daß die Achsebewegung eines Weltkörpers jederzeit im umgekehrten Verhältniß mit der Bewegung um seine Sonne geschieht; daher je länger das Jahr, desto kürzer der Tag, und daher der Saturn bei seinem 30 Jahre langen Jahre, nur einen Tag von sechs Stunden erlebt. Natürlicher Weise wird mir jeder nur mäßige Kenner astronomischer Kenntnisse voraussagen, daß der innere Erdplanet, welcher gar die langen vierhundert und vierzig Jahre zu seinem Umlaufe nöthig hat — selber Uranus braucht nur 80 — nach allen Astronomen, die er nur gelesen, sich so schnell um seine Achse drehen müsse, daß ein Mann oben auf der Erde in einer Nacht mehr als 12 Unternächte müsse auf dem Weltkörperchen unter sich erleben und sehen können. — Und diesem war in der That so; denn ich sah wirklich schon die Nachtseite des Weltleins mir zugedreht.

Allein wie anders war diese Kehrseite als die Minervaseite im ersten Gesicht!

Hier freuet es mich, daß ich mit dem ersten Entdecker dieses Innenplaneten in meinen Ansichten und Gesichten auffallend zusammentreffe; denn er hatte diesen auch anfangs Minerva genannt, da er, wie ich zuerst, die eine Weltfläche gesehen; später aber in der Jenaischen Literaturzeitung den Namen Pluto mit Recht gewählt und hinzugefügt, weil er eben auf die zweite Ansicht gekommen war. Merkwürdig genug bleibt es aber immer, daß gerade für das Jahr 1819, worin der Planet Jupiter regieren soll, Jupiters Kopftochter, Minerva, auftritt und auf der einen Seite weissagt, zugleich auf der andern oder der Nachtseite Pluto, Jupiters Bruder erscheint, der den bösen Beinamen Ve-Jovis oder Unglück-Jupiter und dis-Jupiter führt. Wirklich nahmen die Wesen, von denen ich auf der Plutoseite meine magnetischen Gesichte und Prophezeihungen erhielt, sämmtlich die gewöhnlichen mythologischen Gestalten der Unterwelt an, und es ist hinter diesem entweder etwas Wahres, oder es ist nur Folge des oben erwähnten Gesetzes der Hellsehenden, daß sie ihre eignen An- und Voraussichten immer von bekannten Wesen vorgesprochen und vorgetragen glauben. Dabei stellte das Ganze eine Art von Christmarkt vor, wo in den verschiedenen Buden die Christgeschenke für uns Ueberirdische auf das Jahr 1819 bescheert wurden.

Dieses Bescheeren bestand auf der ganzen Kehrfläche des Großmagneten in einem Gegenmagnetisieren, welches in seiner Art gerade die entgegengesetzten Wunder und Gaben des gemeinen Magnetismus gewährt, gleichsam nur eine geistige Nachahmung des mineralischen Magnetstabes, der eben so gut zurückzustoßen als anzuziehen vermag.

In der ersten Bude, die unter mir durch die Achsebegung kulminierte — denn was außer meinem Fußpunkte lag, sah ich zu undeutlich, da ohnehin die Entfernung des Großmagneten von uns 688 Meilen beträgt, und geographische dazu — in der ersten Bude stand ein finsterer Schatten, der wieder zwei und dreißig Schatten nach der ganzen Windrose hinwarf; es war nach allen Abzeichen der finstere Höllenrichter Rhadamanthus, welcher einen in einem Baquet-Treibkasten stehenden Zypressenbaum, der bekanntlich dem Pluto gewidmet ist, durch Gegenstriche von unten nach oben behandelte, um durch die Aeste, welche die Zypresse alle aufwärts richtet, auf die der Einwirkung empfänglichen Theologen und Dichter gegenmagnetisch einzufließen, nämlich in beiden eine gewisse wohlthätige Verfinsterung des Kopfes und des Gemüths, welche sich der Aufklärung und dem Frohsinne zur rechten Zeit entgegen setzt, wunderbar zu erzeugen. Und hier haben wir das erste Beispiel, wie stark der zweite oder Gegen-Magnetismus sich von dem gewöhnlichen scheidet, welcher wie bekannt in Hellsehen und Frohfühlen einwiegt. Davon haben wir nun im künftigen Jahre die heilsamen Folgen so gewiß zu erwarten, als überhaupt in solchen prophetischen Sachen etwas vorauszusagen ist.

Aber wir haben ja schon seit einem Jahr-fünf manche treffliche religiöse Dunkelseher aufzuweisen, welche den Licht- und Frei- und Frohsinn eines Herders, eines Jakobi's und anderer hinlänglichst einschränkten und ihre Bluttheologie zu einem Blutlassen des Denkens und Freuens machen. Um so sichrer darf ich, da ich das Gegenmagnetisieren des Höllenrichters selber gesehen, Hoffnung machen und prophezeien, daß 1819 mehre Theologen — ich weiß nicht, ob sich Harms und die Frau Krüdener zu ihnen schlagen — die christliche Kirche den heidnischen Tempeln ähnlicher aushauen und zumauern werden, die bekanntlich keine Fenster hatten. Sie werden bei Zuhörern, die ganz Ohr sind — und dazu gehört ein sehr langes — durch Sätze, welche stark genug sind, die Vernunft und die Freiheit gefangen zu nehmen und dann hinzurichten, für die Bekehrung jene Blindheit erwirken, in welche Paulus bei der seinigen, aber nur körperlich, so lange gerieth, bis ihn Ananias hergestellt.

Ein paar Zypressenzweige, die der Höllenrichter gegenmagnetisierte, standen glücklicher Weise gerade nach Freiburg in der Schweiz aufwärts gerichtet. Mit dieser magnetischen Thatsache darf ich wol die allgemeine Hoffnung verstärken, daß die dasigen Jesuiten oder die Väter Jesu, als wahre Väter der Kinder, die Lichtstralen, welche von allen Seiten Europas über den kindlichen Köpfen gleichsam zu einem Sonnenstich zusammenschießen, sorgfältig genug abwenden, und als die einzigen Gärtner dieser armen Pflänzchen die Blumenscherben, in deren Treiberde andere Erzieher sie offen in das Sonnenlicht hinstellen, nach der Gärtnerkunst ausleeren und umgestürzt über die zarten Gewächse zum Abwehren des Lichts decken werden. Möge wenigstens die Minderzahl der Freiburger sie nicht daran hindern! — Ueberhaupt wird Rhadamanthus die Schweiz, welche sich von jeher gern zu einem Kloster kasteiete — wie die alten und neuen Freudenverbote, die Trappisten und die Kleidergesetze beweisen — mit manchem Theologen erfreuen, welcher Vorhöllenwege zum Himmel einschlägt und auf diesen Selber-Züchtlinge und Selberehrenräuber *) gehen läßt.

*) Schon nach Stillings Taschenbuch auf 1815 soll jeder täglich sich solche Vorwürfe machen, wie nur der bitterste

Etwas Aehnliches für die gebildete und weibliche Welt werden mehr als dreizehn neueste Dichter ausführen, sogar ohne ihre Religion zu ändern; und ich könnte die trefflichen, auf welche die gegenmagnetisierten Zweige hinaufweisend einströmten, sogar mit Namen nennen, welche dem theologischen Verdunkeln unglaublich helfen werden durch poetisches. Das schöne Metaphern- und Farben-Ineinanderquirlen ausgezeichneter Romantiker, (z. B. Werners, oder des Isidorus Orientalis), welches auf eine angenehme Weise den Sinn und Verstand ausschließt, kann nie dem Theologen unnütz sein, der die Fenster an der Kirche zumauert, um blinde darauf zu malen; denn jene müssen wenigstens durch übermalte Fensterscheiben so dunkel zu machen suchen, als es in alten Domkirchen ist.

Neue gute Tragödiensteller (z. B. Werner, Grillparzer in der Ahnfrau) stellen die von ihnen gebornen Personen in den letzten Akten häufig auf den Kopf, und nie ohne Erfolg — was körperlich mit der Faulbrut bei den Bienen geschieht, wenn diese ihr Bienenmaden in den Zellen mit den Köpfen unten legen, nur daß sie dann nicht heraus können, sondern verfaulen — aber mit noch größerem Erfolge werden Tragiker eingreifen, welche den neuen Ultra- oder Ueberttheologen sich ausschließend, ihren Kindern nicht einmal etwas geben, worauf sie zu stellen wären.

Jeder erinnert sich noch mit Vergnügen der Almanachdichter, welche seit mehren Jahren durch den ein-

Feind kann, auf den 12. Sept. — Taschenbuch auf 1816 „das arme Sündergefühl leistet alles," auf den 25. Jenner. — Man muß sich als den größten Sünder fühlen, auf den 26. Jenner, und als den allergeringsten Menschen, auf den 31. März.

fältigen, ja kindischen Charakter, den sie in ihren Gedichten künstlich annehmen und durchsetzen, ihre Darstellungen auf eine eigenthümliche Weise aufschmückten, und ihnen den eignen deutschen Reiz der Einfältigkeit ertheilen, den man in den Gedichten anderer Völker so selten findet; es beseelt aber der Dichter die an sich todte Darstellung durch dieses Durchschimmernlassen seiner Persönlichkeit auf dieselbe Weise, wie sie Gilpin *) für Landschaften vorschlägt, welche nach seinem Gefühle durch kein Geschöpf so sehr verschönert werden, als durch einen Esel, der darin zu sehen ist.

Freunden dieser Dichter, versprech' ich nun gewiß, — wenn nicht mein Herabschauen in den Großmagneten reines Erdichten ist — daß sechs, wenn nicht sieben Dichter von einer solchen künstlichen und doch am Ende natürlichen Einfältigkeit wieder im künftigen Jahre 1819 und sogar schon im Jahre 1820 in den Almanachen auftreten werden; nur aber so auffallend durch den theologisch-gegenmagnetisierenden Rhadamanthus erhöht und hinauf organisiert, daß sie — um bei Gilpins Ansicht zu bleiben — schon bei Lebzeiten als fromme Reliquien der heiligen Reliquie zu Verona gelten mögen.

Das dritte magnetische Gesicht.

Minister — Preßgesetze — Provisorat-Regierungen.

Der Einschlußplanet unserer Erde oder der Großmagnet drehte sich weiter um seine Achse; und der Höllenrichter Minos saß auf seinem Throne in vollem Gegenmagnetisieren, um dem künftigen Jahre mit guten gegenmagne-

*) In seiner Abhandlung über die Waldszenerie.

tischen Ministern wahre Christ- oder Antichrist-Geschenke zu machen.

Es war leicht zu sehen, daß er die oben dazu bestimmten überirdischen Minister mit gegenmagnetischer Materie theils durch seinen festen Willen, theils noch mehr durch seinen metallnen Zepter und die Zacken seiner Krone — als eben so vielen Zepterchen, da eine Krone Minister leicht magnetisiert — zu laden, das Seinige und Gehörige that. Minos, als voriger König von Kreta, konnte sich auf dergleichen verstehen. Er suchte nämlich Minister zu bilden, welche vielen Fürsten aus dem Traume helfen sollten. Bekanntlich wurden letzte von den traitements à grands courants der letzten Kriegjahre, von dem Massieren (Drücken) und Chargieren (Laden) in den manipulierenden Oktobern und Junien in den Zustand des Hellsehens — worin so viele noch sind — gebracht, und man weiß, wie sie darin gleich andern Clairvoyants, den ganzen (Staats-) Körper hell durchschauend, sich die nöthigen Arzeneimittel sammt Diät, sogar solche, die ihnen vor dem Hellsehen widrig gewesen, verordnet haben. Nun sind nur die wenigen, die man wieder aufgeweckt, in den natürlichen Zustand zurückgekehrt, wo sie, wie erwachte Hellseherinnen, sich der vorigen Einsichten, ihres reinen Hochdeutsches, und ihrer Vorsätze und Rezepte nicht mehr erinnern. Jetzo ist es nun Zeit, sah der Höllenrichter Minos, für Fürsten, gute gegenmagnetische Minister zu organisieren, welche nicht nur die nächste Vergangenheit des Befreikriegs in Vergessenheit, sondern auch die frühere und fernere stärker in Erinnerung bringen — wie etwa Greise die neue Zeit vergessen, aber desto zäher die alte graue festhalten, damit endlich das Alte — welches vor der tyrannischen französischen Umwälzung und vor der linden deutschen da gewesen, wie Feudal- und Armee-Wesen und Ständevertagung wieder neu werde.

Eh' ich fortfahre, will ich hier meine Furcht gar nicht verhehlen, daß diese Wiederherstellung ihre Schwierigkeiten hat; denn mit einem Volke ist es, wie mit dem Schönschrohr (wie der geistreiche Yelin in der Eos Kaleidoskop übersetzt), das man in die alte Lage in ganz vergeblicher Hoffnung zurückdreht, die vorigen Figuren wieder zu bekommen. Aber der Gedanke des guten Höllenrichters, seine Rapport-Minister auf 1819 für Rapport-Fürsten zu Gegenmagnetisören zuzurichten, bleibt gut und wird stets von Folgen sein.

Dem Höllenrichter werden wir es zu danken haben, wenn wir künftiges Jahr durch seine Minister der Preßfreiheit die rechten engen Schranken (denn auch der Professor Krug läßt noch immer einige Preßfreiheit*) zu), werden gesetzt sehen. Da eigentlich der Minister der wahre Magnetisör des Fürsten ist, durch Hauchen und Blasen — wer will, mag einen Günstling oder eine Favoritsultanin dafür setzen — so wird der Fürst im Zustande des Hellsehens (wie die andern Somnambulen, bei Wolfart, Eschenmaier, Kieser rc.) nur das sehen und hören, was sein Streicharzt fühlt und hört — dieser schmeckt und fühlt ihm alles vor — die Uebel und Schmerzen des Arztes gehen in ihn über — und Kopf und Hände desselben sieht er immer im Glanz. Sobald nun zwischen den Hellseher und den Streicharzt fremde Perso-

*) Der Verfasser dieses hat gar für völlige Zensurfreiheit ein Werkchen „Freiheits-Büchlein" geschrieben und darin schon 1805 eine Menge Gründe wiederholt, die man jetzo ausgesonnen.

nen treten, welche dieser nicht in Rapport mit jenem gebracht, so wird alles gestört, der Clairvoyant fühlt sich kalt angerührt und sehr übler Laune. Dieß aber erfolgt unfehlbar, wenn die Bücherschreiber im Druck den Fürsten Dinge sagen dürfen, welche der Streichminister ihnen viel anders beigebracht, oder gar verschwiegen hätte. Kein guter Minister wird in den Fehler von Montansier, Oberhofmeister vom Dauphin unter Louis XIV. verfallen, welcher ihn niemals Zueignungen lesen ließ, weil sie immer lögen; sondern gerade nichts weiter als Zueignungen und Dankadressen der Einzelen und des Volks wird ihm der rechte Streichminister zu lesen geben. Daher herrscht und pfeift an Höfen und in öffentlichen Reden — sogar unter einem Louis XIV. und Napoleon — der beständige Passatwind vom Immergrün des Landes, obgleich jeder das Immergelb desselben kennt, wie es französische Taschenuhren gibt, welche immer auf die höchste Zahl, auf 12 Uhr, hinweiseu, durch einen kleinen Druck aber sogleich die rechte Zeit anzeigen. Was gäb' es nicht für ein erbärmliches geplagtes Leben, wenn der Hof oder gar der Thron durch Schreibereien ein Königplatz in Kassel würde, wo man wegen sechs zusammenlaufender Straßen von jedem Laute ein sechsfaches Echo vernimmt, und in der Nacht sogar den Seufzer sechsmal hört *), welches letzte sich das Echo schon unter der vorigen Regierung hätte ersparen können.

Es war ein schöner Zug der Unparteilichkeit für eignes und fremdes Land, daß in Achen der Minister Castlereagh (nach den Novemberzeitungen) uns vor der britischen Preßfreiheit, deren Kratzen und Beißen er an

*) Jugendzeitung, 1813.

seinem eignen Leibe zeigen konnte, zu warnen und den Deutschen eine zuzuwenden suchte, welche dem ungebundenen Schreibfinger die nöthigen Zensur-Bretzeln anlegte. Und dieß ist, glaub' ich, am besten zu erreichen, wenn alle, auch nur mittlere Staatsdiener, und vollens die höhern und die von der Armee, über jede öffentliche Aufdeckung ihrer Verhältnisse einen Lärmen aufschlagen, wie etwa eine Gesellschaft Bombardierkäfer anfängt, wenn man von ihnen den Stein, worunter sie sitzen, unversehens abhebt und sie insgesammt losschießen und knallen. Himmel! was sind denn Bücher anders als Fenster zum Erleuchten, und was sind daher Bücherzensuren anders als Vorfenster, welche verhüten sollen, daß nicht mit dem Lichte zugleich die kalte Luft eindringe? Und wenn man so vielfache Vorfenster hinter einander stellt, daß sie gerade so dunkel wie eine Mauer machen, sitzt man alsdann hinter ihnen nicht eben so warm wie hinter einer Mauer? Was überhaupt die Verfinsterung anlangt, so ist bei weitem der größere Theil der Staatsmänner dafür, daß das Volk, wie die nicht zum Aufgehen bestimmte Gerste, nur im Finstern gut zu malzen ist, weil das Licht wol Lebensluft, aber nicht Stickluft sich entbinden läßt; und ich habe nur den kleinern Theil auf der Ministerbank gegen mich, welcher ohne Weiteres die Sachen gänzlich umkehrt, so daß er, wenn er nicht Licht geben kann, um Freiheit zu geben, häufig frei macht, um hell zu machen, weil er das gemeine Volk den Gänsen ähnlich findet, unter welchen die freien (wilden) gerade zum Widerspiel ihres Namens viel klüger sind als die Jäger wünschen.

Wer vielleicht in Sorgen steht, daß aus allen von Minos mir vorgespiegelten gegenmagnetischen Ministern im künftigen Jahre nichts werde, so wenig als aus den versprochenen Preß-Sperrketten, diesen erinnere ich nur an die Dienste, welche längst derselbe treffliche Höllenrichter und Kreter-König unter Napoleon und noch nach ihm geleistet; denn er durch sein Gegenmagnetisieren war es ja hauptsächlich, welcher für verschiedene deutsche Länder —. so wie er sonst für das lügenhafte Kreta jedes neunte Jahr frische Gesetze aus der Idasberghöhle vom Jupiter abholte — fast alle Jahr noch etwas besseres als neue Gesetze, nämlich neue Gesetzgeber lieferte, durch das sogenannte Ländertauschen und provisorische Regieren. Der Fürstenstuhl war ein leichter Fahrsessel oder tragbarer Reisethron, und wurde in das Land geschoben mit dem neuen Fürsten, sobald der alte vorher auf seinem Laufstuhle hinausgefahren war. Wie (wenigstens sonst) Gesandte bei öffentlichen Aufzügen, wozu sie vier und zwanzig Livree-Bediente und viele Hausoffiziere nöthig hatten, nur die Livreen mitbrachten, die Leute aber, die hinein zu stecken waren, aus dem Lande selber nahmen: so brauchten auch Wanderregenten nichts für das neue Antauschland, worin sie auf ihren Fahrthronen ankamen, mitzubringen als gehörige Uniformen und Gesetze, und fanden die Unterthanen, die für beide zuzuschneiden waren, schon vor dem Thore mit den Thorschlüsseln und Lebehoch's. Wie eigentlich unser ganzes Leben provisorisch ist, und folglich jedes Ziel darin, jede Freude, sogar jede Sünde — denn jede soll nur vor der Hand etwas helfen, dann aber immerwährend der Tugend und der ewigen Seligkeit Platz machen — so war ein gekrönter Provisor auf Monatthronen recht an der Stelle; und wie manches Gesetzbuch, das zeitgemäß aus lauter Novellen besteht, würde ohne dieß uns fehlen! —

Viertes magnetisches Gesicht.

Das Dichten auf dem nassen Wege.

Der Großmagnet drehte sich weiter um seine Achse, und beschenkte mich wieder mit einer Weissagung auf das künftige Jahr. Der gewisseste Beweis, daß ein Hellseher seine eignen Prophezeihungen, wie ich oben erinnert, immer einer gewissen Gestalt, die ihm in seiner Begeisterung erscheint, abzuhören und abzusehen glaubt, bin ich selber wieder, dadurch daß ich jetzo den dritten Höllenrichter Aeakus als den dritten Gegenmagnetisör auf dem Christmarkt erblickte. Der Höllenrichter hatte sich in einen Kunstrichter verwandelt, und suchte — da das gewöhnliche Magnetisieren die gemeinsten Prose-Leute zu poetischen Sprecherinnen macht — als geschickter Gegenstreicher das deutsche Dichtervolk, mit welchem etwas zu machen war, für das nächste Jahr so gut wie möglich zu prosaisieren, und das Dichten auf dem nassen oder wäßrigen Wege allgemeiner zu machen. Seltsam genug stand der gegenmagnetische Kunstrichter auf seinem Kopfe — welcher der Breite nach gut ein Wasserkopf sein konnte — und streckte die Füße nach Deutschland aus, und manipulierte gewaltig mit ihren Zehen; denn bekanntlich kann auch der Fuß magnetisieren, wie es damit der König Pyrrhus unbewußt, und Van Ghert *) absichtlich gethan. Ein guter magnetischer Leiter für Aeakus war der Wasserschatz der Erde, und mit ihren Wasseradern konnt' er leicht wie mit Venen die poetischen Adern der jetzigen Gedicht- und Romanschreiber füllen und wässern.

*) Eschenmaiers magnetisches Archiv B. 2. N. 2.

Soviel ist wenigstens für das künftige Jahr gewiß — und ich darf es gern versprechen, da ich des Höllenrichters Fußarbeiten selber gesehen — daß, wie einmal eben dieser Aeakus blos durch sein Bitten und Opfern als Jupiters Sohn auf das vertrocknete Griechenland die herrlichen Regengüsse herabzogen, er, nur auf höhere Weise, dasselbe Regenwasser, über das von Schiller, Herder, Goethe und andern Feuer- und Phöbusgeistern erhitzte Deutschland treiben werde. Lesern der Leihbibliotheken kann man am allergewissesten die Romanschreiber im künftigen Jahre wieder versprechen, welche ihnen im jetzigen so sehr gegeben und gefallen — leichte Kleinodien weniger vom ersten Wasser als von lauter Wasser — redliche Schreiber, die in jeder Messe sich selber und ihren geschilderten Charakteren treu bleiben und die man immer unverändert wieder findet mit ihrer Feder, den Kapaunen ähnlich, welche sich niemals mausern, indeß andere ganze Vögel, wie etwa der Pfau, jährlich die besten Schwanzfedern ausstoßen. — Bekanntlich theilen die Aesthetiker die Romanschreiber in zwei Klassen ein, in die romantischen und in die gegenromantischen. Von der Minerva, welche, der Götterlehre zufolge, sowol das Musenroß zahm gemacht, als das trojanische Holzpferd gezimmert, bekamen bisher die romantischen das Flügelpferd zu reiten; die gegenromantischen hingegen wurden von der Weisheit-Göttin mit dem hölzernen Gaule beschenkt, damit sie sammt ihren Charakteren nicht auf das Thier sowol, als in dasselbe stiegen, um dann Troja und manche schöne Helena oder Leserin einzunehmen. Welche köstliche leihbibliothekarische Romane aber kann die künftige Büchermesse liefern, da der Höllenrichter alles gethan, um sogar die poetische Prosa der gewöhnlichen Hellseherinnen bei den gegenmagnetischen Schreibern zu jener prosaischen zu dämpfen, wodurch eben der Roman zu einer wahren Geschichte wird, die eben so gut in der nächsten Gasse vorfallen könnte als auf dem Schreibpapier.

Was aber die romantischen Romanschreiber anlangt, so werden sogar diese ihrem Publikum künftig fortgefallen, wenn sie auch alles Feuer fahren lassen und ruhig auf dem nassen und wässerigen Wege weiterdichten. Ich habe nämlich seit mehren Jahren bemerkt, daß zwar ein Schriftsteller den Deutschen vor allen Dingen ein oder ein Paar Meisterstücke zu schenken hat, um sie für sich ins Feuer zu setzen; daß er aber darauf, sobald sie einmal für ihn warm geworden, sehr wol mit mehren Sudelstücken nachkommen kann, ohne alle Besorgniß, ein kälteres Publikum zu finden; denn dieses ist dem Theewasser ähnlich, das man nur anfangs mit großen Herdflammen ins Kochen bringt, nachher aber darin leicht mit einem bloßen angehenkten Spiritus-Lämpchen erhält. — Und gegenwärtiger Schreiber dieß dürfte daher nächstens mit ein Paar recht hingeworfnen fast elenden Werkchen auftreten, blos um einen Versuch zu machen, ob sie großen Beifall finden, weil er sich im Ja-Falle dann schmeicheln würde, daß seine früheren Sachen gut genug gewesen.

Die Klage der Ausländer, daß bei den Deutschen gute Prosa so selten sei, haben längst mehre Dichter mit Glück in ihren lyrischen und epischen Gedichten durch den Augenschein widerlegt; aber auf dem nassen Wege des Dichtens wird der Höllenrichter künftig noch mehren Mängeln abhelfen, und zwar den größten zuerst, daß so viele Dichter nichts zu besingen haben, da die Liebe sammt den Monaten und Naturschönheiten dazu längst ausgeschöpft ist, andere Sachen aber, wie Eltern-, Kinder-, Freundeliebe, oder besondere Tugenden nichts rechts für sie sind, obwol sie es sonst für Baldus, Herder, Pindar und Altdeutsche gewesen. Allein auf dem nassen Wege des Dichtens wird ja dieser Abgang an Stoff vollständig ersetzt durch Ueberfluß an Form, nämlich an Versmaßen und Reimen. Haben nicht gute Uebersetzer uns welsche und spanische Dichter ganz treu, bei aller Weglassung des poetischen Inhalts oder Stoffs, blos durch Nachbilden der Silbenmaße, Assonanzen und Reime gegeben und zugeführt, so daß die ausländischen Dichter ordentlich den Sonnenrindern auf der Apollos-Insel gleichen, von welchen, als die Gefährten des Ulysses das Fleisch für die Küche ausgeweidet hatten, doch die lebendigen Häute leer und aufrecht umhergingen? *) — Und sind denn schon unsere Sonettendichter ganz vergessen, welche uns so manches Gedicht geliefert, das blos durch poetische Versfüße und Reime, ohne allen Inhalt und Stoff, wahrhaft dem Krebse glich, der kein Fleisch hat, außer in den Füßen und im Schwanze? — Und werden uns nicht durch die gegenmagnetische Hand- oder Fußhabung des Höllenrichters noch eine Menge solcher Dichter für 1819 versprochen?

Fünftes magnetisches Gesicht.

Die neuesten Trauerspiele.

Der Großmagnet Pluto drehte sich wieder weiter um seine Achse, und stellte mir eine so erhabene und häßliche Hexe unter die Augen, als kaum eine je von Macbeths

*) Odyss. XII. 395.

Hexenkessel, ja aus demselben hergekommen. Es war aber am Ende Niemand als die Gemahlin des Königs Pluto selber, Proserpina, welche gleichfalls in der Unterwelt ihren Magnetismus treiben mußte.

Wie nun der ordentliche in lauter Wonnen und Himmeln schwimmen läßt: so hatte sie als Gegenstreicherin bequeme Höllen und Vorhöllen anzuschüren, welche im gemeinen Leben gar nicht zu haben sind; und dieß sind die tragischen auf der Bühne. Wenige Personen wissen, daß eben die Höllengöttin seit mehren Jahren die deutsche Melpomene ist, welche unser Theater so auffallend umgebessert und zu einem tragbaren Krieg-Theater im Kleinen erweitert hat, gleichsam die Schlachtfelder in Schachfelder zum Spielen verjüngend. Wer ihr Gegenmagnetisieren für das Jahr 1819 wie ich gesehen, begreift leicht, von welcher Hand — da sie schon länger herauf wirkt — die reichen köstlichen Schlachtschüsseln des Schicksals auf unsere Bühnen aufgetragen werden. Sie hielt (so sah ich selber) den Zweizack Plutos als einen tragischen Doppeldolch zu unsern Poeten herauf, um sie mit diesen Magnetstäben voll Schauerstoff zu laden. Statt der Larve Melpomenens bewegte sie sieben Larven von den sieben Todsünden wechselnd so, daß ihre Zerrgestalten die Phantasie jedes gegenmagnetisierten Tragikers unter seinem Empfangen und Schaffen mit den besten und größten Bösewichtern befruchten mußte. Werden die sieben L a r v e n umgekehrt, so hat man die sieben apokalyptischen Zorn s c h a l e n mit den sieben letzten Plagen vollgegossen; und brockt man die böse Sieben in eine Satans Schlachtsuppe ein: so kann ein einziges Theaterspiel uns alle sieben Tragödien des Aeschylus, oder des Sophokles an Einem Abend geben, indem es eben so viele Schönheiten, nämlich Häß- und Gräßlichkeiten und Martern darbietet, als alle sieben alte zusammen.

Und in der That ist schon früher von Werner gerade für den Februar, der bekanntlich von den Alten dem Gemahl der Proserpina geheiligt worden, das Beste geschehen. Wir haben nun der Höllengöttin ganz andere Sünder auf unserem Theater zu danken, als sonst darauf fremdes Blut vergossen haben, oder eignes verloren; — mit ein Paar Verbrechern und deren Folterleitern ist jetzo keinem Vernünftigen mehr gedient; — der geläuterte Geschmack ist an Sünden gewöhnt, die, wenn nicht stumm sind, doch schreiend, und an Laster, die schwarz — und vergnügt geht jeder nur aus dem Theater, wenn es eine wahre Marterkammer des Herzens gewesen, ein künstlerisches Armensünderstübchen voll zerfressener von Gewissens-Bissen roth gestochner Leute, und (was wol das Hauptsächlichste) ein aufgeackerter Gottesacker voll Gerippe und Gespenster.

Wahrlich, oft sagt' ich im Nachhausegehen zu mir selber: „wär's nicht des Vergnügens wegen, das man am Ende Abends davon hat, so wäre man ein Narr, daß man sich so entsetzlich drei Stunden lang kreuzigen ließe für sein Geld."

— So hoch war bis jetzo die Vollkommenheit und Peinlichkeit der deutschen Bühne gestiegen.

Aber im künftigen Jahre (ich habe das Arbeiten der Höllengöttin mit eignen Augen gesehen) geht es etwas blutiger auf ihr zu.

Schwangern — Säugenden — auch Wiedergenesenden und Schwächlingen beiderlei Geschlechts rath' ich hier im Morgenblatte nach Kräften ab, ins künftige Theater zu gehen. Auch Weiber starker Natur und

Statur wünscht' ich in solchen Trauer- und Folterspielen nicht ohne ein Arzenei- oder ein Riechglas zu erblicken. Hingegen arme greise Sünder, die gerade in ihren alten unschuldigen Tagen leider so viel von ihrem Gewissen wie von ihrem quieszierten Leibe ausstehen, sollen eben das verbesserte Theater fleißig besuchen, blos um sich bei dem Anblicke viel größerer Sünden, als sie selber begangen, einigen Trost für ihre eignen zu holen. — Ein Theaterfreund ohne Sünden aber mag mit einigen Bogen aus der Geschichte der Revoluzion oder auch der Inquisizion, gleichsam wie mit kleinen Vorspielen und Vexiermorden, sich vorher zu Hause etwas vorbereiten und stählen.

Ich weiß nicht, soll ich über das Jahr 1819 hinaus weissagen und von 1820 berichten, daß ich in meinem Hellsehen noch wahrgenommen, wie später die Bühne an den tragischen Abenden gar zu einer Isle à Sonnettes, oder Klapperschlangeninsel*) aufsteigen wird, nämlich im geistigen Sinne, wo die Sonnettreime die Klappern darstellen werden, und das Theaterpersonale das schillernde Giftgewürm. Was aber dann mit dem Leben davon kommt — nicht von den Spielern auf der Bühne, denn diese halten jeden Mord und Todtschlag aus, sondern von den Zuschauerinnen in den Logen — das rede von Glück.

Sechstes magnetisches Gesicht.

Adel — und Volk.

Der Großmagnet Pluto drehte sich weiter um bis zu seinem Gleicher, und hier erschien, was ich wol in der Nachbarschaft der Höllengöttin hoffen konnte, der

*) Siehe Berufreise nach Südamerika von der Frau von Riedesel.

Höllengott selber, ihr Gatte, mit seinem Helm und Scheffel auf dem Kopfe, mit einem Höllenschlüssel, mit Gabel und Stab. Natürlicher Weise arbeitete der Gott bei so vielen Hülfsmitteln außerordentlich an einem seiner würdigen Gegenmagnetismus für 1819, welcher uns einen ganzen Gegengeist der Zeit zu schenken und einzublasen hoffen läßt.

Ich sah, wie er nicht nur seine Eisenstücke in der Hand, und seinen Helm auf dem Kopfe gegenmagnetisch benützte, sondern hauptsächlich seinen Scheffel; dieser war ein ordentliches Baquet, nur aber nicht, wie das gemeine mit Eisenschlacken, Hammerschlag und Glasscherben und Wasser gefüllt, sondern bis an den Rand mit den von der Revoluzion zerbrochenen Kammerherrnschlüsseln, Kronen, Sternen und adlichem Blute; und den Scheffel hatte er vermittelst einer gegenmagnetischen Kette von Berggeistern mit Ministern und Fürsten oben in Verbindung gesetzt, um diese zum Helldunkelsehen (clair — obscur — voyance) zu bringen. Setzt er sie nun hinein, so können sie wie Hellseher Preßhaften rathen und helfen, und können dem Krieg-, dem Feudal- und dem Hofadel, welcher in und nach der Revoluzion so viel adeliches Blut verloren, die rechten stärkenden Mittel, die eisen- und goldhaltigen Quellen anweisen.

Der Höllengott stiftet ein gutes Werk zur rechten Zeit, wenn er (figürlich zu reden) den Stammbaum, der sonst für den Adel ein Cocagnebaum gewesen, behangen mit Kammerherrnschlüsseln, Offizierpatenten, Bischoffmützen, Einlaßkarten in Kadettenhäuser, Domkapitel und Fräuleinstifte, wieder zu einem solchen Christbaume auf seinem Antichristmarkt aufzuputzen vermag. Denn nicht in jedem Lande blühen Stammbäume so frohlich hinauf wie in Hannover, wo der hohe Adel bei Festen sogar dem niedrigen den Zutritt versagt *) und dadurch zeigt, daß er in dieser Hinsicht über seinen eignen Regenten in London erhaben ist, wo sogar der Fremde, der Geistliche und der Kaufmann (der keinen offnen Laden hält) bei Hof erscheinen darf **); und nur etwa Sachsen möchte sich noch in Rücksicht des Adels dadurch auszeichnen, daß es keinen Landstand, ohne einen Vortrab von 8 Ahnen, auf seinen Landtag einläßt, könnte er auch, wie der Graf Hohenthal, die Ritter durch Rittergüter ersetzen ***). — Das künftige Jahr wird entscheiden, ob Minister und Fürsten Plutos wohlthätige Bemühungen begünstigen, oder ob mich meine Hoffnungen getäuscht. — Aber man verstehe mich und den Höllengott recht. Nicht Glanz braucht der Adel, sondern Geld. Jener ist ihm nie zu nehmen — noch abgerechnet, daß ihm jährlich neuer, durch Fortpflanzung der Ahnen zuwächst, so wie er allein hof- und tafelfähig und siegelmäßig ist — ja sein Leuchten hat vor dem Glanze des Reichthums, sogar der Verdienste, dieß voraus, daß es — wenn ich ein recht schlechtes Gleichniß gebrauchen soll — dem durch Alter phosphoreszierenden Holze gleicht, das ohne Erschöpfung und Erneuerung des Lichtstoffs blos durch sein Alter unausgesetzt fortleuchtet, ja sogar noch unter Druck und Sturm, und durch Zerstücken in kleinere Theile nicht erlöschen kann. Aber Geld muß er haben, und, was eben dazu gehört, die ausgedehntesten Rechte und die ergiebigsten Staats-Plätze aller Art, zu-

*) Zeiten von Voß. Okt. 1818.

**) Der Fr. Schopenhauer Reise durch England. B. 2.

***) Korrespondent von und für Deutschland. 1817. Nro. 98.

mal in unsern Zeiten, wo schon bei den Bürgerlichen Schulden und Aufwand mit einander wettrennen, geschweige bei Leuten von Geburt.

Wider Erwarten unparteilich wars, daß Pluto mit seinem Gegengeiste der Zeit die Minister und Fürsten, außer für den Adel, auch noch für das Volk gegenmagnetisch zu begeistern suchte, wiewol beide Gegenmagnetisierungen am Ende eine sind. Was nämlich bisher in äußerst wenigen Staaten geschehen, daß man das Volk, anstatt es zu einem orientalischen Sklaven zu erniedrigen, zu einem orientalischen Fürsten zu steigern suchte, will nun der Höllengott allenthalben eingeführt erleben.

— Aber die wenigsten Zeitschriftsteller wissen nicht einmal, was das ist, das Volk zu einem orientalischen Fürsten erheben. — Daher will ich diese eigentliche Krönung des Volks, so gut ich sie, nach den wenigen Staaten, wo sie wirklich zu finden ist, kenne, recht deutlich beschreiben. Wie der König von Siam, auch der von Tongatabu *) bei Audienzen unbeweglich mit Kopf und Armen erscheinen, nichts antworten und nichts nehmen darf, um sie zu zeigen: so muß das Volk da, wo es orientalisch erhöht ist, auf ähnliche Weise seine Würde zeigen. Wie der Name der morgenländischen Könige nicht bei ihrem Leben durfte ausgesprochen werden, ja wie der des japanischen Kaisers **) sogar ein Staatsgeheimniß ist: so wird der Name Volk ungern stark und oft ausgesprochen; und wenn der König von Tunkin ***)

*) Reise nach China und Bengalen von Charpentier-Rossigny.

**) Langsdorf Reise um die Welt. B. 1.

***) Auswahl kleiner Reisebeschreibungen. B. 3.

nie öffentlich gesehen werden darf: so ist es nicht schicklich, wenn das Volk sich, wenigstens in großen Massen auf dem Markte, sichtbar macht, oder gar ganz erscheint durch Stellvertreter auf Landtagen. — Es ist Hochverrath, an den japanischen Kaiser zu schreiben *) — blos an den Gouverneur muß man sich mit den Bitten wenden —; so wird auch das Volk vor dem öffentlichen Wenden und Schreiben an dasselbe, durch die heiligen Schranken oder Altargitter der Bücherzensur beschirmt, uud wer etwas Wichtiges demselben zu sagen weiß, hat es dem Gouverneur oder Minister vorzutragen. — Wie die uneingeschränkten Orientfürsten und Negerkönige sich von eingeschränkten Monarchen, welche offne Tafel halten, dadurch unterscheiden, daß sie an keiner gesehen werden dürfen, weder essend noch trinkend: so verbirgt auch bei dem orientalisch-gefürsteten Volk sich das Essen und Trinken, theils wenn die Polizei das übernächtige Sitzen im Wirthhause, oder das Uebertreten verbotner dritter Feiertage nicht sehen darf, theils auch dann, wenn zum Essen und Trinken gar nichts da ist.

Wurde der große Mogul (nach Berniers Bericht) wie sonst ein sächsischer Kurfürst jährlich gewogen: so darf sich ihm auch hierin das Volk als ein abendländischer Großmogul gleich stellen, wenn statt seines Körpers das, was ihn nährt und schwer macht, das Vermögen auf der kameralistischen Heuwage, auf welche Häuser und Aecker gehen, abgewogen wird; und wie bei den Unterthanen des Moguls und des Churfürsten, so ist auch bei den Kammern allgemeine Lust über vorgefundenes Schwergewicht; und es wird oft in solchem Falle der abendlän-

*) Langsdorf am a. O.

dische Großmogul gern einem Oberhaupte der Guamos am Oronoko gleich gehalten, das mit seinem Blute alle kranke Mägen in seinem Stamme salben muß *), wiewol davon zuweilen das Oberhaupt, wenn der Mägen zu viele sind, selber umkommt. Dieses Blutlassen bezieht sich blos auf rothe Metalle, ist aber wieder mit der neuen Auszeichnung verknüpft, daß das Volk die gelbe Farbe, welche in China nur der Kaiser tragen darf, wenigstens ins Gesicht und auf die Haut bekommt.

Gleichwol so groß auch der Glanz ist, welchen mit einem morgenländischen Alleinherrscher das Volk als abendländischer theilt, so will ich doch nicht leugnen, daß dieses so gut, wie ein orientalischer, sich einiges fremde Beherrschen muß gefallen lassen, und daß dasselbe wie der Großsultan oder Beherrscher aller Gläubigen, theils seinen Papst-Mufti hat, theils seine Janitscharen, und wie der Chinakaiser seine Verschnittnen, welche sämmtlich es ordentlich regieren.

Ob jedoch dem Höllengotte das Volk auf die orientalische Fürstenbank, auf welcher es, wie schon gesagt, noch an wenigen Orten sitzt, auch in mehren Ländern zu setzen gelingt, dafür können uns im künftigen Jahre nur rechte Minister bürgen, welche den Gegengeist der Zeit gehörig achten, und ihn von Pluto offen genug in sich aufnehmen; und wir werden mit ihnen zufrieden sein, wenn wir künftig sagen können: wenigstens ein Anfang ist schon gemacht.

---

*) Göttingsches historisches Magazin von Meiners und Spittler.

Siebentes magnetisches Gesicht.

Geld — Putz und Ehebruch.

Der Großmagnet Pluto drehte sich weiter, und die drei Furien erschienen auf dem Antichristmarkt, aber kein Leser fahre zusammen!

Hab' ich je drei artige reizend-gebildete Grazien gesehen: so waren es die drei Furien. Anstatt der mythologischen Fledermausfittige trugen sie türkische Schawl, statt der Fackeln in den Händen feurige Brillantringe, und für Schlangen und Schlangenkämme konnte wol kein vernünftiges Auge die aufgewundnen Haarzöpfe mit den goldnen Haarkämmen ansehen; und für die Geiseln, womit man sie sonst abbildet, wird niemand (ausgenommen zu sanften Fächerschlägen) ihre Narzissenstengel halten, welche sie als Weihblumen des Pluto trugen. Ueberhaupt drei wahre Blumengöttinnen! — Dieser Furienverein suchte gleichfalls durch Gegenmagnetisieren, wie der ganze Orkus, auf das künftige Jahr wohlthätig einzufließen und hatte sich zarter und natürlicher Weise dazu den vornehmern Theil des eignen Geschlechts selber ausersehen. Da nun der gemeine Magnetismus in den Hellseherinnen erstlich viele Abneigung vor Metallen, zweitens die stärkere vor Seide, und drittens die stärkste vor sogenannter sinnlicher Liebe gewöhnlich erweckt: so hatten die drei Göttinnen in ihren Dunkelseherinnen mehr die Empfänglichkeit für G e l d, P u tz und L i e b e zu erhöhen. Durch Wasser und Spiegel wird, wie bekannt, magnetische Materie ganz gut mitgetheilt. Beides zugleich, da Ströme die längsten Pfeilerspiegel sind, die je gegossen worden, hatten die Göttinnen von den vier Höllenflüssen, welche ihre gegenmagnetische Ladung leicht durch ihr Ausdünsten (worin schon bei den Menschen der Doktor Stieglitz alles sucht) an die vier bezeichneten Europa-Ströme, Themse, Seine, Rhein und Donau (sammt deren hineinfallenden Flüssen, wie die Isar u. s. w.) übergeben konnten. — Und so wüßt' ich nicht, wie es uns künftiges Jahr an guten Dunkelseherinnen fehlen könnte.

Die Furie Alekto wird uns (ich getraue mir es zu versprechen, da ich sie am Styx gesehen) gegenmagnetisierte Weltfrauen geben, welche im geistigen Sinne Metallfühlerinnen sind, wie es Campetti im körperlichen gewesen, und die für das Gold, ohne welches kein großes Spiel und großes Haus, keine kleine Reise und Intrigue, keine Scheidung und Verlobung, und gar nichts zu machen ist, sich gern selber zu den Bergwerken verdammen lassen, (nur anders als sonst die Christen sich von den Römern) und dazu gern den alten Adam anziehen, als Grubenkleid und Bergleder. Nur möge man doch, fleh' ich, im Jahr 1819 nicht wieder so, wie 1818, 1817, 1816 und noch viele Jahre zurück, an Damen vom höchsten Range das feinste Ehrgefühl, die sittliche Reizbarkeit, womit sie jeden unsittlichen Laut und Blick und Verstoß schmerzlich empfinden und abweisen, blos darum zweifelhaft machen, weil sie in Fällen der Noth sich zu Lug und Trug am Spieltische, oder zu einigem Wort- und Ehebruch entschließen müssen. Himmel! bleibt nicht vielmehr umgekehrt ihr feines sittliches Gefühl gerade dem zarten Auge gleich, das sich von einem Wassertropfen oder einem Stäubchen entzündet, die schärfsten Mittel aber, wie Zinkdampf, Brandwein und Vitriol-Oel, aushält und sogar durch sie geneset?

Die Furie Tisiphone arbeitete, wie ich sah, an Dunkelseherinnen, auf welche durch die Seide, die bei dem Hellsehenmachen störend wirkt, gerade am besten einzugreifen ist und ihr Höllenfluß dampfte stark nach der Seine herauf.

Seide ist aber überhaupt das Symbol jedes Putzes; und ist der Kokon, in welchen sich die weibliche Raupe einspinnt, zur Pariser Puppe, um als Schmetterling mit Schillerflügeln und Glanzstaub auszufliegen. Deßhalb dürfen wol Männer und Väter für das Jahr 1819 von einer sogenannten Plaggöttin selber als Anti-Christgeschenke Weiber erwarten, welche das Geld und die Zeit nicht verschleudern, sondern zu schätzen wissen, weil sie einsehen, wie viel sie davon nöthig haben für anständigen Putz — für Kämme und Köpfe für Schawle und Rücken — für Handschuhe und Schuhe — kurz schon für bloßes bewegliches außerhäusliches Vermögen, wobei man an das unbewegliche häusliche der Spiegel, der Vorhänge, der Tischgeräthschaften noch nicht einmal gedacht hat.

— Und so und nicht anders muß die schöne Seine, — an deren Ufer für uns die Putzernten wachsen — in Rapport gebracht mit dem Höllenflusse, für deutsche Männer stets ein herrliches Wasser vom ersten Wasser bleiben, eine rechte vorletzte Oelung, ein eau epilatoire, bei dessen Gebrauche sie leicht das überflüssige Haar sammt dem nöthigen fahren lassen, und die ächte Deutschlands Baize.

Gleichwol kommt mir das Gegenmagnetisieren der dritten Eumenide, Megäre, noch wichtiger vor, welche den gewöhnlichen Abscheu der Schlafwachen vor jedem kleinsten Zeichen sinnlicher Liebe, aus ihren Wachschläferinnen durch den gegenmagnetischen Höllenfluß wegzuspülen suchte; wiewol man freilich erst erwarten muß, was daraus wird. Ich hätte oben besonders anmerken sollen, daß unter den drei Eumeniden nur sie einen Strauß von Narzissen gehalten. Mit Blumen läßt sich wie mit Bäumen bekanntlich magnetisieren; wie viel mehr mit Narzissen am spiegelnden Höllenflusse, welche von der Anziehkraft ihres Stammvaters her noch immer fortbetäuben.

Dieses Gegenmagnetisieren für Galanterie kann, falls der guten Furie die Sache gelingt, die schönsten moralischen Folgen dadurch haben, daß es die sogenannten Ehebrüche auffallend vermehrt, welches der geradeste Weg ist, die gar zu häufigen unehelichen Geburten zu vermindern. Denn mit Betrübniß las man bisher, daß, wenn in Amsterdam nur unter 1547 gebornen Kinder ein uneheliches vorkommt *), in Petersburg nur unter 57, in Stuttgart nur unter 22, daß dagegen in Hamburg schon unter zehn ein uneheliches, in Dresden und Weimar unter 9, und (jetzo kommen vollends die Musensitze), im kleinen Halle unter 8, in Jena unter 7, in Göttingen unter 6, und — um mit einem Aufklimmer oder Klimax zu schließen — in München an der Isar gar unter vier und einem halben ein uneheliches erscheint.

Ich vertheidige hier den Ehebruch an sich nicht eigentlich — ein doppelter hat vollends manches aus der Moral gegen sich, — aber dieß darf ich mir doch als wohlwollender Staatsbürger vormalen, daß wenn das Freuden- und Rosenmädchen, die gute Megäre, durch

*) S. Süddeutsche Miszellen 1813, wo man zwischen diesen äußersten Zahlen noch die mittlern anderer Städte finden kann; eine Stadt aber, wo schon auf — 1 Geburt oder 0 eine uneheliche Geburt käme, hab' ich noch nicht darunter angetroffen, und kann sich solche auch erst bilden, wenn neue Flügelgebäude an Kasernen, Klöstern und andern pia corpora angestoßen worden.

ihr Gegenmagnetisieren mit Narzissen mehre Frauen, zumal von Stande, für eine gewisse Galanterie, die ich ungern mit dem rohen juristischen Namen benennen höre, für das nächste Jahr geneigt machen wird, man die sogenannten unehelichen Kinder am häufigsten in der Ehe selber, die solche aber schon neun Monate vor ihrer Erscheinung vollkommen legitimierte, antreffen würde; ein wichtiger Umstand für den Staat, weil dann ein ritterliches Stammhaus noch seltner ausstürbe, als ein Bürgerhaus. — Ueberhaupt würde ein Großstädter die ganze Sache nicht so ernsthaft oder nach seiner Ansicht so pedantisch nehmen, wie ich; was ist denn eigentlich, würde er mehr scherzhaft fragen, weibliche Untreue in der Ehe anders als ein abonnement suspendu — ein Deklinieren der weiblichen Magnetnadel, bei welchem sich doch der Ehemann auf dem Weltmeere zurecht findet — ja zuweilen ein nöthiges clinamen (Abbeugen) der epikurischen Atomen, welche sonst auf dem geraden Wege keinen grünen Zweig gebildet hätten, geschweige einen Stammbaum. — Und warum sollen, könnte der Großstädter endigen, zwei Arme wieder nur zwei Arme aufnehmen, und nicht, wie die herrliche Donau, so viele Arme von Flüssen, um stets zu wachsen?

Achtes magnetisches Gesicht.

Die Aerzte.

Der Großmagnet drehte sich noch weiter um seine Achse; aber ich wußte schon aus mythologischen und astronomischen Rechnungen vorher genau, daß er mit dem Feuerstrome den alten Charon zudrehen mußte, der seit Jahrtausenden da sitzt und die Verstorbenen überfährt.

Der verdrießliche Alte vom Thale (nicht vom Berge) stand in einem elenden morschen Kahne, und schaute gerade aus nach dem Erdpol, denn er strengte sich gleichfalls zum Gegenmagnetisieren an, wie jeder Narr und Gott im Orkus. Er hatte sich dazu aus Neid und Eigennutz Niemand gewählt, als die Aerzte, weil er von ihnen hauptsächlich leben muß, und sein Wochen- oder vielmehr Sekundenschiff von ihnen jahraus jahrein mit den bedeutendsten Ladungen — wie die Rezepte oder Frachtbriefe zeigen — befrachtet wird.

Nun hatte der ganz unphilosophische Orkus-Kapitän von einem Leser und Anhänger des Doktor Stieglitz unter dem Ueberfahren vernommen, daß Magnetisieren nach Stieglitz nichts sei als Ausdünsten, und folglich Hellsehen nichts beßres als Eindünsten. Dieser philosophische Dunstkreis war folglich Wasser auf die Mühle eines unstudierten Schifferkopfs. Er begab sich daher in seinem Kahne mitten auf den Feuerphlegeton, und dünstete in der Hitze gewaltig aus, um mit seinen Dünsten zu gegenmagnetisieren, und somit auf Aerzte einzufließen. Da nun die Hellseherinnen alles nachempfinden und nachdenken, was ihr Meßmer vorempfindet und vordenkt: so stellte sich der Fährmann hin und dachte den Aerzten, mit denen er sich in Rapport gesetzt, keine andere Gedanken vor — um sie ihnen einzupflanzen — als elende Einwürfe gegen den Magnetismus selber; und Niemand wird mir's eher glauben, welche abgeschmackte Meinung der alte Schiffer darüber gehegt, als bis sie im künftigen Jahre von angesehenen Aerzten werden im Druck geäußert werden.

Den ehrlichen Allerweltschiffer — denn in der That bleibt seine erbärmliche abgetakelte Fähre das Marktschiff aller Welttheile, das wahre Narren- wie Weisenschiff; denn wer von uns steigt nicht künftig ein? — diesen Admiral aller Admirale mochte es verdrossen haben, daß das ärztliche Matrosen- oder Schattenpressen für seinen Kahn, den Welt-Kaper, durch den Magnetismus sichtbar eingeschränkt worden und er bisher manchen für unheilbar erklärten Nervenkranken, an dem er ein Fährgeld verdienen wollen, dadurch eingebüßt. Wenn ich aber die einfältigen gegenmagnetischen Gedanken bedenke, die er in seinem Kahne ausheckte für die Köpfe aller Praktiker, eiliger Brunnenärzte und unphilosophischer Unheilkünstler, welchen das Heilen durch Magnetismus verdrießlich ist, wie den Pharisäern Christi Heilen am Sabbath: so ärgere ich mich schon im voraus über die verstockten Einwürfe gegen den Magnetismus, welche im künftigen Jahre erscheinen müssen (und noch dazu oft in Stieglitzens Stil), über das ungläubige Sträuben gegen das Lesen der Thatsachen, und sogar gegen das freistehende Sehen, über das Ohrenzuhalten vor schreienden Beweisen, und über die Doppelannahme einer unaufhörlichen Betrügerei von der Pazienten-Seite und einer eben so langen Verblendung von der Aerzte-Seite. In der That, der alte Fährmann hätte sich bedenken sollen, eh' er vordachte; ihm wären ohne sein Gegenmagnetisieren noch immer stattliche, angesehene, und mit der Trauerschleppe langer Rezepte daher wandelnde Aerzte genug geblieben, mit denen er den Fährgroschen für den Kranken hätte theilen können; und auch Leute, die keine Aerzte sind, hätte er für sich gehabt.

Neuntes magnetisches Gesicht.

Ich und das Ende.

Ich sollte aber noch ärgerlicher werden, als mich der Schiffer gemacht; der Feuerphlegeton drehte sich gar heran, bis der Orkus-Eingang und an ihm der Höllenhund erschien.

Cerberus witterte mit seinen drei Nasen bald den Schreiber dieß, der noch nicht zur Unterwelt gehörte, und doch, wie ein zweiter Herkules, lebendig hinein zu dringen suchte; das Thier mochte sich wol noch der Riesenfäuste des ersten Herkules erinnern, und vor mir ängstlich werden. Nun fing auch der Hund an, sich auf das Gegenmagnetisieren zu legen; und klaubte dazu mich unschuldigen Mitarbeiter am Morgenblatte aus. Um sich aber als gewandten Gegenmagnetisör zu zeigen, so suchte das Vieh, das wußte, wie Hellseherinnen von Menschenliebe überfließen, und alles um sich her mit Glanz umzogen erblicken, mich in den entgegengesetzten Finsterseher zu verkehren, und sein bissiges, bellendes Wesen, seine nur Nacht, nicht Glanz ersehende Natur, dermaßen in mich überzutragen, daß Satire alsdann das Wenigste wäre, was ein solcher Finsterseher machte. Nach diesen Grundsätzen blickte der Dreikopf mich mit seinen sechs Augen gewaltig an, um mich damit gegenmagnetisch zu fixieren oder festzuheften.

Aber auf einmal schien der Feuerstrom in eine Art Rosenroth überzudämmern. Die erste schönere Weltseite des Magnetkörpers kam wieder herauf — eine Aurora ging voran — und endlich stand wieder die Göttin Minerva morgenröthlich da — und hatte das Cerberushaupt als Gorgonenschild auf der Brust. — Jetzo waren meine Gesichte vorüber, und ich nahm das Morgenroth des anbrechenden Christtags wahr.

„Laßt die Unterwelt, sagt' ich erfreut, gegenmagnetisieren, so viel sie will: die Gottheit des Lichts und des Kampfs wird uns schon siegen helfen."

Dießjähriger Nachwuchs des Philanthropistenwäldchens.

1.

Der Schaul- oder Schalltanz der Männer gegen und ohne Schaul.

Die herrlichsten und mannigfaltigsten Stellungen und Verrenkungen — Michel Angelo's stärkste Verkürzungen — und die leidenschaftlichsten Bewegungen könnte ein geschickter Maler zusammenbringen, der überall dabei stände und die alle gerade abzeichnete, welche die Männer machen, wenn sie Schauls von rechtem Werthe für die Weiber kaufen, oder zahlen sollen. Dieß versteh' ich nun unter einem Schaultanz der Männer gegen und ohne Schaul; ich meine nicht blos Tänzerbewegungen, Fußstampfen, Armaufheben, Händefalten oder Zusammenschlagen, sondern auch das Geberdenspiel, womit der Schaultänzer ohne Schaul die stärksten Leidenschaften lebendig und trefflich ausdrückt, sogar stärker als eine Hamilton oder andere Schaultänzerinnen; und eine Folge gutgezeichneter Blätter solcher Tänze wäre wol ein Geschenk für die Kunst, das man haben sollte, da jene

Hausbälle mehr nur ein Familienschauspiel für Töchter und Gattinnen sind.

Aber der männliche Schaultanz ohne Schaul sticht sogar noch vor dem weiblichen stummen dadurch vor, daß ihn der Künstler mit Worten begleitet und gleichsam der fortlaufende Kommentar seines eigenen Gesichttextes ist; er läßt hier die Flüche gleichsam als Pralltriller des Zorns und die Manns-Bravour-Arien gegen den eheweiblichen Marseiller ça ira, und kurz die ganze türkische Musik gegen einen türkischen Schaul so lange hören, bis endlich der Künstler als Mensch Haar läßt, den Schaul kauft und dadurch mit der Zeit ein schöner türkischer Hund *) wird.

Jedoch von der schöneren Kunstseite des männlichen Schaultanzes abgesehen, läßt sich manches sehr ernsthaft bemerken. Da ist doch selten unter den Tänzern einer, der bedenkt — wenn er im Gesichte alle zwölf himmlischen oder höllischen Zeichen des Zürnens und Staunens über den weiblichen Aufwand hat — daß der türkische Schaul oder Schall das Pallium ist, das eben zur weiblichen Würde gehört, wie sonst das römische zur bischöfflichen. Wenn wir nun aber uns erinnern wollten, welche ungeheuere Summen sonst außer Landes für jeden bischöflichen Schaul, oder das Pallium nach Rom abströmten, und zwar dreißigtausend Gulden für jeden solchen nicht seine vierthalb Gulden werthen Schaul — denn das Zeug war von gewöhnlicher Schafwolle, die Arbeit sehr unbedeutend, und das ganze Stück bestand in drei kaum handbreiten Bändern, wovon eines hinten, eines vornen

*) So heißt der seltene nackte haarlose Hund, ist aber gerade nicht in der Türkei.

überhing — und wenn wir also dieses nur flüchtig überschlügen, so würden wir finden, daß wir mit diesen katholischen Ausgaben allein, die wir jetzo als Lutheraner, ja in mehren Ländern selber die Katholiken, vergnügt in der Tasche behalten, gemächlich den ganzen Einkauf der weiblichen Pallien, welche doch hundertmal schöner und größer sind als die männlichen und dabei viel unentbehrlicher, bestreiten können, da die heilige Mutter, die Mode, wol eben so unfehlbar jedesmal ist, als der heilige Vater. Denn was eben das weibliche Pallium so sehr empfiehlt, ist der Preis, da der gewöhnliche und doch ordentliche Schaul einer mittelmäßigen Honorazio-rin vielleicht nicht mehr beträgt als der ganze erbärmliche Anzug ihres Mannes in der Kammer, oder in der Kanzlei, und kostet er mehr und bis über tausend leichte Gulden, nun so ist auch Einnahme und Dame darnach, und etwa eine Gesandtin, eine Ministerin oder eine Frau, die borgt. Mit solchem Kaufpreise aber vergleiche man nun die grimmigen Gesetze und Rechentafeln der Männergesichter, die Rück- und die Vor- und die Seiten-Pas der an sich schätzbaren Schaultänzer gegen und ohne Schaul, ihre englischen Achten, überhaupt ihre Englischen einzig und allein gegen die Ausgabe für einen englischen Artikel, der nicht einmal bei dem kleinsten Mädchen zu entbehren ist, geschweige bei den höhern Weibern, welche aus Gründen, die hier nicht weitläuftiger zu entwickeln sind, allerdings den Grundsatz haben dürfen, daß sie, ganz entgegengesetzt den Bienen, die im Stocke leere Zellen nicht leiden, sondern sogleich füllen, im Haushalten die vollen nicht lange lassen.

Uebrigens ist sich jede Frau bewußt, daß sie ihr Pallium nicht der Schönheit wegen trägt sondern theils der Gesundheit, theils des züchtigen Anstands halber; aber ich kann es jedem Manne beweisen. Welchen reizenden Anblick kann wol eine Rückenfronte von Rückendreiecken und umgekehrten Sonnenzeigern und Pyramiden oder von den meisten Gestalten gewähren, in welche diese Blattwicklerinnen sich vor dem Entpuppen in Sälen einwindeln? Und dieß ist die unschuldige astronomische Rechnung der Weiber mit Triangeln, gegen welche die Männer ihre türkischen Triangel so schlagen und tanzen den besagten Schalltanz ohne Schall dazu? — Offenbar ein bloßer Waffenmantel ist der Schaul, den sie daher sogleich mit den Zimmern ablegen, wo sie zu ihren Waffen selber greifen; die Vorzimmer sind daher bloße buntfarbige Konchylienkabinette, von ihren lebendigen Schalthieren verlassen; daher sind Vielen die Schaule Stuhlkappen, welche die Stühle kurz vor der Gesellschaft abnehmen, ja in Tanz- und Konzertsälen werden jene als neue über die Stühle gehangen. — Abgenützt taugt der Schaul ohnehin zu nichts Schönem, nicht zum kleinsten gewöhnlichen Umschnitthandel, höchstens zu einem alten Fußteppich.

Von desto mehr Gewicht ist er dagegen für die Gesundheit in der jetzigen, theils so kalten, theils so entblößten Zeit, wo man so wenig umhat und anhat und überhaupt hat. Als einen warmen Umschlag auf nacktem Rücken und Busen — wie ihn kein Apotheker auflegt — zeigt sich von so herrlicher Wirkung ein Schaul, daß er ordentlich desto wärmer hält, je dünner und feiner er ist, nämlich je heißer das Land, das ihn schickt, daher man ihn eben im Freien und im Wagen trägt und nicht am warmen Spieltische.

Vielleicht ist hier eine kurze medizinische Abweichung nicht am unrechten Orte.

Man hat gefunden, daß matte, schwächliche Kinder, denen man jede Stunde ein anderes frisches Hemd anlegte, unerwartet sich aufrafften und ermannten *). Wäre nicht einer Untersuchung der Aerzte die Frage würdig, ob nervensieche, todtmüde Frauen höherer Stände nicht vielleicht zu Kräften und auf die Beine zu bringen ständen, wenn man ähnlicher Weise solche ungewöhnlich oft mit frischen neuen Kleidern wechseln ließe, mit kostbaren aber vorzüglich? Wenigstens mit einem Schaulwechsel wollt' ich Wunderkuren gegen weibliche Wechsel- oder kalte Fieber des Leibes und des Herzens thun; da oft ein einziger ein apostolischer Mantel ist, der übergelegt wunderbar herstellt. Bei Modebändern ist ohnehin, wenn sie als geistige Bandagen und Wundfäden etwas helfen sollen, der größte Wechsel unentbehrlich, und ein alter Verband kann nicht bald genug abgenommen werden, noch ein neuer aufgelegt. Doch entferne man ein Vorurtheil aus der weiblichen Arzneimittellehre, das der gelehrte und originelle Hahnemann auch in der männlichen angreift, indem er in seiner Homöopathologie erweiset, daß es einerlei ist, wo man eine Arzenei anbringt, ob auf der Magenhaut, oder in der Nasenhaut, oder im Mund, oder in einer Wunde, oder sonst auf einer zarten hautlosen Stelle. Ganz eben so gut kann ein Mann dieselbe arzeneiliche Gabe von funfzig Goldstücken, die er seiner Frau verordnet, an dem Ring- und Ohrfinger, oder an den Ohrläppchen, oder am Unterarme, oder am Halse oder auf dem Scheitel gebrauchen lassen, ohne daß die heilsame Wir-

*) Hülfsbuch für Stadt und Land, von Wagner.

kung ausbleibt, nur daß er wie jeder Arzt blos die Arzeneiform zu ändern und etwa z. B. statt der Pillenform der Perlen für den Hals mehr einen Extrakt aus verschiedenen offizinellen welschen und edelsteinernen Blumen für den Kopf zu wählen hätte. — —

Endlich wollen wir nicht vergessen, daß zweitens die Frauen den Schaul besonders des züchtigen Anstands wegen tragen. Bei der jetzigen Busen- und Rückentracht kann eine sittliche Frau nicht gut über die Gasse gehen oder fahren, ohne aus Rücksicht auf das gemeine Volk den Schaul als größeres Busen- und Nackentuch mitzunehmen, das sie erst ablegt im Zimmer unter ihres Gleichen. Wenige Männer bedenken die Heiligkeit der Gasse, wo man tausend ungekannten Augen aus Fenstern und aus allen Winkeln unbewußt blos unterwegs ein gutes oder ein böses Beispiel gibt; aber die Weiber bedenken dieß mehr; sie stellen sich vor, daß der gemeine Mann auf der Gasse und unter dem Dache sich an den Cour- und Cercle-Entblößungen eben so stoßen würde, als der vornehme vor ähnlichen des niedern weiblichen Volks stutzen müßte; und daher erlaubt eine gewisse nicht spröde Schamhaftigkeit ihnen nicht eher als am Spiel- und Eßtisch durch Entschaulen oder Entschalen aus ihrer ringförmigen Sonnenfinsterniß unbedenklich wieder in eine kleine parziale für gesunde Augen zu treten, welche längst das reinste ganze Sonnenlicht gewohnt. Auf Bediente, diese Giftbastpflanzen zwischen hohen und tiefen Ständen, nimmt schwerlich eine Person von Stand und Betragen Rücksicht. Und so ist denn für Weiber, welche züchtigen Anstand noch höher achten als vornehmen, ein Schaul die Gassen- und Kutschenwindel, die dicke Flügeldecke ihrer Florflügel, die neue Eva, die sie (wie wir den neuen

Adam) über die alte anziehen und bleibt sonach unschätzbar für eine Frau von wirklicher Sittlichkeit. — —

Nun jetzo nach allem diesen komme und schaue man wieder auf unsere Schaultänzer gegen und ohne Schaul von hundert bis tausend Thalerstücken zurück — auf ihre Hopspas und Luft- und Rittersprünge und ihr stilles Sehnenhüpfen, auf ihre linierten, leidenschaftlichen Gesichter voll Akademieen der Inskripzionen — und auf ihre Krieglieder — und auf Alles im ganzen Waffentanze; — — urtheile aber dann parteilos und kunstgerecht über die männlichen Schaultänze gegen und ohne Schaul. Verfasser dieses hält sich für einen unparteilichen Richter; denn er selber ist ein schlechter Schaultänzer, aus gänzlichem Mangel an Schul- und Hausbällen.

2.

Entgegengesetztes Aussprechen des Herzens.

Sprichst du durch Worte Deine Gefühle, durch Predigen Deine Frömmigkeit, durch Dichtkunst Dein Lieben und Sehnen aus: Du hast dadurch sie Alle verkleinert und das Herz hat sich an sich selber befriedigt. Sprichst Du Deine Gefühle durch Thaten aus: so fordert das Herz neue und größere; und alles Thun kann nur stärken und spornen, nicht stillen.

3.

Selbsucht des Kindes und des Greises.

Das Kind denkt und sieht in unschuldiger Selbsucht immer nur sich, der Greis, von seinen Leiden mit Gewalt auf sich zurückgewandt, thut dasselbe und muß neben der vor ihm kalt vorbeigehenden und ihm den Rücken kehrenden Zeit, wie ein Einsiedler, ein Reisender in der

Wüste, nur immer sich hören und sehen. Blos in der warmen und hellen Mitte des Lebens steht der Mensch nicht sich nahe, sondern der Welt, die er und die ihn ergreift. So gleicht der Mensch der Sonne über dem Meere, welche an ihrem Mittage ihr Bild nur fern in der Tiefe erblickt, hingegen im Aufsteigen und im Untergehen mit ihrem Glanzbilde in den Wogen zusammenfällt.

4.

Geselligkeit der Weiber untereinander.

Liebet euere Feinde, heißt bei den Weibern, besucht eure Feindinnen und trinkt Thee. Wenn der Mann am liebsten seinen Milchbruder in Wissenschaft und Politik zur Brüderschaft aufsucht, und aus Friedenliebe den Gegenfüßler der Gesinnung meidet: so statten Frauen gern Besuche bei Frauen ab, die ihnen weder beifallen noch wohlgefallen. Man konnte nicht ohne Vergnügen in Zeiten politischer Zertheilung, z. B. in Franzosen-Deutsche und in Altdeutsche, bemerken, daß gerade die Anhängerinnen (nicht die Anhänger) entgegengesetzter Parteien einander aufsuchten und wie ungleichnamige Magnetpole sich zum Anstoßen einander anzogen. Aber es ist so leicht zu erklären als zu rechtfertigen.

Es braucht jede Anhängerin Jemand zu ihrem Aus- und Widersprechen, und dazu taugt eine Gegnerin am besten, welche man obendrein noch dadurch bestraft, daß man sie recht ärgert. Wenn Männer leider einander ihren Ingrimm und ihre Verachtung nicht ohne Gefahr, zu beleidigen, zeigen können, und wenn aus einem Wortwechsel leicht ein Kugelwechsel und das Musenpferd leicht das Streitroß zu einem Jägers Schießpferde wird: so sollten Weiber ihren herrlichen Vorzug, einander das

Boshafteste ohne gefährliche Folgen sagen zu können, mehr zu schätzen wissen und zumal im Politischen das Glück mehr benützen, daß sie wie Homerische Götter und Miltonische Engel einander so unbedenklich verwunden und zerreißen können bei dem augenblicklichen Zusammenheilen der Stücke. — Ueberhaupt darf man, hoff' ich, von der Mehrzahl sagen: eine Frau sucht nicht, wie ein Narzissus, das eigne Bild und ein zweites Ich, sondern viel lieber ein Nicht-Ich, und hat aus bessern Gründen als ein Abergläubiger, an dem Sichdoppeltsehen, oder gar an dem Sichmehrfachsehen keine Freude; ja einer schönen Frau ist vielleicht die häßlichste lieber als eine andere, die ihr an Schönheit noch so ähnlich, ja überlegen ist. — Dieses weibliche Aufsuchen der Gegenkaiserinnen und Gegenpäpstinnen bringt die Koketten in eine Nähe zu einander, die so ersprießlich ist als die Ferne der Sonnen von einander; denn wie diese nach der Sternkunde in weite Abstände gelagert sind, damit sie sich nicht untereinander im Anziehen der Irrsterne stören und irren: so rücken jene weiblichen Sonnen eben sich nahe zusammen — oft in Einen Saal — damit sie einander die größten Störungen im Anziehen männlicher Erdkörper und Trabanten, wo möglich, bereiten.

5.

Glück der Einschränkung.

Das Streifchen Blau, worein sich zuweilen der Wolkenhimmel spaltet, greift tiefer in das Auge des Herzens ein, als ein ganzer blauer Himmel des Mittags um 12 Uhr. Freilich noch mehr, als das noch immer zu große Streifchen, erfüllt mich mit Sehnsucht ein Stückchen Blau — nicht viel größer als ein Pfauenrad — in das ich aus meinem Fenster durch zwei einander gegenüber geöffnete Dachbodenlöcher wie in ein blaues Auge des Himmels hinein blicke. — Denn grade innere Schrankenlosigkeit wird mehr durch das Verengen als das Erweitern der äußern Schranken befriedigt und genossen, da ihr keine äußere gegenüber zu stellen und der Erdkreis nicht unter unsern Füßen wegzuziehen ist, damit wir etwa, statt die himmlische halbe Blaukugel über uns zu haben, mitten in einer ganzen uns umflutenden hingen.

6.
Ueber Gebetbücher.

Ich kenne kein Buch, das schwerer zu machen ist und schlechter gemacht wird als ein Gebetbuch. Zehnmal erbärmlicher als ein Fürst wird der Unendliche gepriesen und gebeten, und jeder sogenannten Göttin wird die Liebe nicht so schaal bekannt als der Gottheit. Der Gebetbuchmacher nimmt seine Feder und arbeitet damit in Stunden der Muse brauchbare Gebete aller Art für die Käufer aus, oft Abends ein Morgengebet, oder in froher Stimmung ein Noth- und Flehgebet, und spielt Jedem die nöthige Andacht vor dem Unendlichen in die Hand, der unter dem Ausarbeiten der Gebete weniger für ihn selber da war als für seinen Käufer und Leser. — — Ich erzürne mich selber; also frag' ich blos gelassen: ob der Gebetschreiber nicht den Dichter spielt, der auf der Bühne Gebete aufführt, welche dem christlichen Gefühle — ganz anders als dem griechischen — immer so anstößig bleiben?

Was soll überhaupt in einem Gebetbuche stehen? — Erstlich keine Gebete; zweitens aber Vorbereitungen zu ihnen; für den Abend, für den Morgen, für die verschiedenen Verhältnisse werde das fremde Herz in den Gebeten gesammelt und eingeweihet, aber dann soll es selber diese machen; das Buch sei nur eine Betglocke, ein Vorsabbath zum innern Sabbath. Das Lesen vorgedruckter Gebete, welche den Leser zufällige Unwahrheiten seiner Lage, z. B. Freude an einem trüben, Trost an einem frohen Tage nachzubeten zwingen, zerstreuet, anstatt zu sammeln; und selber das Verfolgen und Auffassen fremder Worte hält von der innern That und Andacht-Anschauung entfernt. Nur an dieser ist alles, an Worten ja aber so wenig gelegen, daß die Katholikin die lateinischen Gebete und die Jüdin die hebräischen, obgleich Beiden beide Sprachen unverständlich sind, doch herzlich, ja eben darum mit weniger Zerstreuung verrichteten.

Ja, wenn man noch weiter ginge, und bis in die Kirchen hinein, und könnte sogar in diesen die Gebete abschaffen — wenn nämlich der Geistliche, anstatt meistens herz- und geistlose Gebete aufzudringen, für jeden besondern Fall die Herzen wie Altäre zur Andacht einweihte, dann sagte: nun wollen wir beten, darauf schwiege, die Hände faltete, Haupt und Augen senkte und so mit ihm die ganze Gemeine, und wenn in dieser kurzen Innenfeier höchstens die Orgeltöne eines Chorals (vielleicht des vorher gesungenen Liedes) langsam gingen und mitbeteten — so würd' es wahrlich schwer sein, nicht zu beten oder nicht recht zu beten.

7.

Schwäche der Harten.

Je härter gegen andere, desto weniger gegen sich, und die Prahler mit Unempfindsamkeit, welche schwer von fremden Leiden schmelzen, weinen und zerfließen am ersten bei eigenen; und die weiche Frau erträgt mehr als der harte Mann.

So hält der harte Diamant das Feuer nicht aus, das die andern weichern Edelsteine bestehen. Aber die jetzigen Leute besuchen die Gesundbrunnen der Philosophie und Dichtkunst, nicht um durch sie die Steinbeschwerden ihres Innern zu heilen und zu zertheilen, sondern um davon artige Versteinerungen nach Hause zu bringen.

8.

Weibliche Kronabnehmung

(wie der Mahler sagt Kreuzabnehmung).

Die Königin Christine ließ am Tage, wo sie vom Throne herunter ging, sich mit allen Reichs-Insignien ausschmücken, mit Krone, Zepter und Apfel, und nach der Abdankung darauf sich alle wieder abnehmen — und dieß gefällt uns Allen. Aber eben so schön stellen die Christinen des Geschlechts, wenn sie lange die manigfaltigsten, störrigsten Jünglinge unter ihrem Zepter gehabt, sich mit allen Schönheit-Reichs-Insignien, im doppelten Schmucke aller Reize und Tugenden grade in der Stunde vorher dar, ehe sie die Regierung niederlegen und dem vorigen Unterthanen die Hand und den Zepter geben und ihn heirathen oder sonst beglücken.

9.

Ueber Glück und Werth der Jünglinge jetziger Zeit.

Wer die Jünglingzeit für das Pfingsten des Lebens hält, wo der heilige Geist der Ideale ausgegossen ist; für das goldene obwol unruhige Alter der Kraft, worin der

Mensch über fremde Großthaten vor Freude und Sehnsucht weint und nach eignen brennt und er noch die Verbesserung der Welt glaubt und versucht, wo er die Wunder nicht leugnet und erklärt, sondern begehrt, und das Große, welches der sogenannte gereifte, oft schon tief herabgebrannte Mann beleuchten und blos verschatten will, zu vergrößern und durch erhabne Gläser zu sehen wünscht; wer nun für diese unwiederbringliche Zeit ein Herz und Auge übrig behalten im Alter, der wird die Jünglinge unserer Tage beneiden, welche mit der Frische ihres Lebens grade in dem größten deutschen Jahrzehend, im jetzigen, grünen und blühen dürfen. Uns Männern wurde eine engere Zeit beschieden, obgleich auch im vorigen Jahrhunderte einige kraftvolle Jahrzehende sich aufgethan.

Zu einer neuen Bestätigung des Satzes, daß die Jugend mehr als das Alter die moralische und ideale Brut- und Saftzeit ist *), dienen die Beispiele, daß der heilige Freiheitkrieg in den jungen Männern mehr verändert, veredelt und zurückgelassen als in der Mehrzahl der alten. Wenn manche Alte ihre Kriegvorspann von Gefühlen für den augenblicklichen Rettbedarf der Zeit schon wieder heimgetrieben und in dem alten Geleise von Geschäften und Gefühlen nun unerschüttert schlafend weiter fahren: so stellt sich uns ein großer Theil der Jünglinge auf Hochschulen und der jungen Männer in Schrif-

*) Sie hat ein empfindlicheres Gefühl für Ungerechtigkeit; daher ihre Theilnahme an dem letzten Kriege gegen eine so vieljährige und ausgebehnte. Aus dieser Empfindlichkeit und aus der zweiten für Glanz, entspringen ihre meisten Untugenden, hinter welchen, wie man aus dem wilden Jugendleben großer englischer Staatsmänner sieht, sich das helle Innere verbirgt, wie das kristallreine Eis sich immer unter eine dunkle grauschmutzige Rinde.

ten mit einer Begeisterung für Recht, Vaterland, Religion und alte Sitten dar, welche wir in diesem aufrichtigsten und offenherzigsten Alter des Lebens für wahrhaft halten dürfen.

Aber wahrlich dann ist jetzo der Lehrstuhl auf Hochschulen eine heilige Höhe, welche der Nachwelt durch kleine Quellen Ströme geben kann und von welchen, wie von den Alpen, ein fallendes Steinchen die Gewalt eines Felsen erhält. Denn vor so verschiedenen Lehrern auf einmal — den Lehrern der Religion, des Rechts, Philosophie, der Dichtkunst, der Geschichte — stehen die jungen, für Gott uud Deutschland glühenden Herzen aufgethan, in welche jeder Lehrer so viel Feuer gießen kann, als seiner Wissenschaft einwohnt. Revoluzionen wurzeln in der Adamserde der Jünglinge am tiefsten und treiben, oft lange bedeckt, unter dem Boden weiter. Ein einzeler Jüngling kann wegblühen ohne Frucht; aber eine ganze junge Welt in Blüte setzt Früchte an und kann nicht erfrieren. Wenn nun auch für diese Frühlingwelt noch die Lehrer treibende Sonnen würden, wenn sie recht vorhielten, wie die jetzige Aurora Deutschlands — zu ähnlich der mythischen, deren Entführung man den Tod schöner Jünglinge zuschrieb — uns einen Theil der begeisterten Jugend gekostet und wie daher der andere, den sie uns übrig gelassen und der die Lorbeerkränze und Aehrenkränze der Todten geerbt, die gefallenen Waffenbrüder und Mitbrüder des Herzens zu ersetzen habe und zu belohnen durch Begeisterung und Aufopferung im Frieden; wenn sie die später nachgeblühte Jugend, welche über ihr Ausschließen von den heiligen Kämpfen trauert, zu den schwerern und längern im Frieden begeisterte; wenn Schriftsteller und Lehrer in diese offne warme Zeit altdeutsche Aussaat mit einem Eifer würfen, als habe diese einem neuen Deutschmörder entgegen zu wachsen, würden dann, wenn dieses und anderes geschähe, noch höhere Reformazionfeste gefeiert als man entwirft?

Aber schickt sich ein so ernster Aufsatz in einen Taschenkalender für Frauen? Im Falle solche keine Söhne — keine Brüder — keine Geliebten haben, schickt er sich meines Bedünkens wenig oder nicht hinein.

10.

Sätzchen ohne Ueberschrift.

Mit wahrem Vergnügen lieset Jeder, wenn er sonst Gerechtigkeit und Deutschland liebt, die Berichte von fürstlichen Ungerechtigkeiten und Todsünden und die Freude wächst mit dem Unrecht, das man erfährt im Opposizionblatte, oder in der Isis, oder in den rheinischen Blättern. Ein ähnlicher Genuß wurde unsern Vorfahren zu Theil, als es noch Pestzeiten gab. Da nämlich während derselben Pestkarren, um mit keinen Anzeigen des Sterbens zu ängstigen, nur in der Nacht, und noch dazu an den Rädern mit Tuch umwunden, fahren und aus gleichem Grunde keine Todtenglocken läuten durften: so war das Hören des ersten Sterbegeläutes ein Fest für Jeden, weil er nun wußte, daß das Sterben nachgelassen, da man es wieder ansagte.

Wer Rügen, Strafen, ja wo möglich im Kriege Wunden mit einem Gefühle austheilt, als bekomme er sie selber — so wie ein mit Elektrizität geladener Mensch mit jedem Funkenblitze, womit er auf den andern einschlägt, auch sich selber trifft und sticht — der kann seiner Gerechtigkeit versichert sein und einer schönen Erhebung.

Sinnlichleidenschaftliche Liebe in einem Greise ist so verdrießlich wie ein Gewitter im Winter, welches über öden Schneefluren ohne Befruchten blitzt und regnet und das nichts hinterläßt, als größere Kälte.

Jungfrauen, seid freigebiger mit dem Geist; der weibliche wird nicht so leicht errathen und vorausgesetzt, und eine ordentliche Rede wird nicht so leicht vergessen als eine Einsilbe von Ja oder Nein. Hingegen geizet mit der zweiten Sprache; zehn Küsse werden leichter vergessen als ein Kuß; ein Seitenblick wird länger behalten als ein Anschauen.

Sie sind blos Brenngläser, welche die Stralen Deines Innern sammeln und richten; ist dieses nun blos ein borgender Mond, aber keine schaffende Sonne, so werden die besten Gläser nur die Helle des Mondscheins verdoppeln, aber keine Wärme erzeugen.

Die Berge tränken und nähren Thäler: die tiefen Gräber der Kriege aber die Höhen der Thronen. Der despotische Thron ist die hervorragende Thurmspitze eines von Bergen verschütteten Dorfs.

Fürst und Volk gebiert und nährt Ein Lebensmittelpunkt. Aus derselben Spitze des Samenkorns dringt der Gipfel und die Wurzel der Frucht; aber jene steigt aufwärts wie diese nieder; doch haben beide Eine Nahrung, und von einander abgerissen sterben beide, nur der Gipfel zuerst.

Lasse Deine Tochter zwar recht einwurzeln und eingreifen in das wirthschaftliche Treiben; nur halte durch Religion und durch Dichtkunst das Herz für den Himmel offen; drücke die Erde fest an die nährende Wurzel der Pflanze, aber in ihren Kelch lasse keine fallen.

11.

Stellung des Lebens.

Ein Mensch kann sein Leben in eine Wüste verwandeln, wo er nichts mehr sieht als das Kleine und das Große, die Unzahl irdischer Geringfügigkeiten und himmlischer Größen. Ist aber nicht statt dieser arabischen Wüste, welche nichts hat als den Wechsel unzähliger Sandkörner am Tage mit unzähligen Sternen in der Nacht, eine Landschaft gedeihlicher und schöner, wo die Blumen und die Wolken einigen Schatten werfen?

12.

Trost gegen die ewige Flucht der Zeit.

Du kannst keine Sekundenuhr lange aushalten und klagst:

Die Zeit ist ein stetes Vorübertropfen von Augenblicken, die hinter einander fallen und verrauchen; oben hängt unverändert die Zukunft und unten wächst ewig die Vergangenheit und wird immer größer, je weiter sie rückwärts flieht; was bleibt bei mir? — Die Gegenwart, antwort' ich. Wie auch die Zeit vor dir vorüberfliege: die Gegenwart ist Deine Ewigkeit und verläßt dich nie.

13.

Der Mensch.

Momus sah die Thiere an und sagte endlich, lange sinnend: jedes Thier ist einem Gotte oder einer Göttin ähnlich; aber welches ist das Ebenbild aller Götter? — Da schuf Prometheus den Menschen und sagte: Dieses!

14.

Die Dichtkunst.

Biene, wozu holest Du Dein Wachs, zu Masken oder Lichtern, zum Verstecken oder zum Beleuchten?

Die Biene versetzte: zu Keinem, nur zu Zellen meines Honigs; fragt nur den Dichter. Ich auch, antwortet dieser: weder täuschen will ich, noch enttäuschen, nur versüßen.

15.

Der schlafende Gott.

Der Allgeist ruht oder schläft, sagt der Menschzwerg, so oft sein Milbenauge dessen Gang nicht mehr verfolgen kann. So ließen sie sonst täglich die Sonne im Ozean schlafen, wenn sie über eine neue Welt und über neue Weltmeere wachte und ging.

16.

Entstehung des Traums.

Als Prometheus das Erdgebilde durch einen himmlischen Funken zu einem Menschen belebte, entrüstete sich Jupiter und sagte: jeden Tag soll Dein Mensch sterben und die Hälfte seines Lebens ohne Sinne und Gedanken vor Dir liegen, bis er endlich auf immer vergeht. Nun sank Abends der neue Mensch um und fiel in Schlaf. Einst fanden ihn die Musen, die sanftern Töchter des Jupiters, entschlafen und sahen dem täglichen Todten der Nacht voll Liebe und Mitleid auf die geschlossenen Augen: „Das arme gute Wesen, — sagten die Musen

— so schön und so jugendlich wie Apollo! Soll es täglich, wenn es ruhen will, den Himmel und die Erde verlieren, von dicken kalten Schatten des Orkus umrungen?"

Wollen wir, sagte Kalliope, die kühnste Muse — in seinen Orkus dringen und ihm unsre Gaben reichen und eine schönere Erde und den Olympus geben, bis ihn der strenge Vater wieder den lebendigen Tag genießen läßt!

Nun rührten die Göttinnen, die den Götter-Olympus beglücken, den Sterblichen an, die hohe Muse der Dichtkunst mit der Tuba — die Muse der Töne mit der Flöte — Thalia mit dem Gaukel- und Klingelstabe — und Urania mit der Sternenkugel — und Erato mit dem Pfeile der Liebe — und sogar Melpomene mit dem Dolche und alle übrigen Musen berührten ihn.

Plötzlich erblühte der Leichnam der Nacht, der Schläfer, denn der Traum kam und schuf um ihn her einen Himmel und eine Erde und gab sie ihm — kühne und leichte Gestalten spielten ihr Leben vor ihm und er stand mitten unter ihnen — Früchte wuchsen zu Blüten und die Blüten zu Blumen und diese blieben die Früchte und die schönste Jugend wurde noch jünger — die Erde hatte ihre Schwere verloren und die hohen Berge bewegte ein leichter Zephyr vor der Abendsonne — ein Rosendorn, in Gestalt von Melpomenens Dolch, ritzte die Brust und das Blut wurde eine weiße Rose oder eine rothe. — Flötentöne gaben der Seligkeit wieder eine Sehnsucht und wehten aus fernsten tiefsten Himmeln in das Herz herab. —

Der schlafende Mensch lächelte wie ein Beglückter und weinte. Da weckte ihn der Gott der Musen mit dem

Sonnenlichte, damit der Sterbliche die Unsterblichen nicht erblickte.

17.

Sprechen der Liebe.

„Liebst Du mich," fragte der Jüngling in der heiligsten und reichsten Stunde der Liebe, in der ersten, wo die Seelen sich finden und geben. Die Jungfrau sah ihn an und schwieg!

„O wenn Du mich liebst," sagte er, „so schweige nicht," aber sie sah ihn an und konnte nicht sprechen. —

„Nun so war ich denn zu glücklich gewesen, und hatte gehofft, Du würdest mich lieben; alles ist jetzo vorüber, Hoffnung und Glück," sagte der Jüngling.

„Geliebter, lieb' ich denn nicht?" fragte die Jungfrau und fragte es wieder.

„O warum sprichst Du die himmlischen Laute so spät?" fragte er.

Sie antwortete: „ich war zu glücklich und konnte nicht sprechen; erst als Du mir Deinen Schmerz gabst, da konnt' ich es."

18.

Der vielfache Schleier.

Du stehst vor dem großen Schleier, den die Ewigkeit trägt, und ist es ein Trauerschleier — oder ein Isisschleier — oder der Schleier eines Mörders — oder einer Schönheit — oder eines stralenden Mosis Angesichtes — oder der Schleier einer Leiche? — Ich antworte: Du wirst ihn einst aufheben: welchen dein Herz verdient, den hast Du aufgehoben.

Nachflor und Spätlinge des Taschenbuchs.

Vorrede.

Unter dieser erträglichen Ueberschrift will ich meinen dießjährigen Beitrag zum Cotta'schen Taschenbuch für Damen liefern. Ich bin immer sehr vergnügt, wenn ich wieder einen frischen Titel aufgefunden, unter welchem ich einem Almanach meine Wachsperlenschnur von bloßen vereinzelten Gedanken anhängen kann, da mir nicht, wie andern Taschenbüchermachern, kleine niedliche artige Liebegeschichten gelingen wollen. Gewöhnlich einen ganzen Oktavband voll Liebe setze ich bei dem Versuch der Sache in die Welt, und kann ihn dann nicht in die Duodezkapsel des Taschenbüchelchens hinein treiben.

Glücklich sonach ist freilich von dieser Seite die ganze fruchtbringende Taschenbuchhalterei-Gesellschaft, aus lauter berühmten Namen gesammelt, wovon jeder von Taschenbuch zu Taschenbuch, wie der Bienenweisel von Zelle zu Zelle, zieht, und in jedes, wie der Weisel in jede Zelle, sein Ei ablegt. Aber in einem Taschenbuche ist vielleicht der schicklichste Ort zum Wunsche, daß es keines gebe, als höchstens eines oder das andere, und selber die Verleger der gangbarsten Almanache müssen, wenn sie ganz uneigennützig und gemeinnützig denken, in den Wunsch einfallen, daß es äußerst wenige gebe, ja keine als nur ihre eignen. Der kleinste Nachtheil der Almanache, der ohnehin blos auf die Verleger fällt, ist zuerst der, daß sie nicht, wozu sonst sogar das mittelmäßigste Buch, ja das schlechteste taugt, zu Makulatur werden können, weil in so kleine Blättchen nichts zu wickeln ist, als höchstens eine Nußschale für Affen oder sonst etwas in nuce. Gewöhnlich werden die Büchelchen so verloren, daß sich, wenn man sie sucht, leichter der alleraͤlteste Kalender vorfindet als der vorneuste.

In jedem Falle wär' es etwas, wenn man wenigstens den Namen Taschenbücher den weiblichen Taschen nachfallen ließe, und sie etwa, da Strick- oder Arbeitbeutel statt jener getragen werden, schicklicher Strickbeutelbücher nennte oder Arbeitbeutel-, oder (will man lieber den modischen Namen) Ridikülbücher.

Aber ich fahre in ihren Nachtheilen fort:

Hat jetzo ein Schriftsteller ein Paar gute dicke Bücher ausgearbeitet: so ist die erste Folge davon, daß er für zehn, funfzehn kleine Arbeitbeutelbücher angeworben wird, und er an kein großes mehr gelangen kann. Indeß bleibt's immer ein Vortheil, daß die deutschen Völker so schön von goldnen glänzenden Büchelchen erleuchtet werden, wie die tropischen Meere von den Moluskeu, Medusen, Seeblasen, mikroskopischen Krebschen, und anderen Thierchen, welche das herrliche Licht geben, indem sie fangen, aussaugen, ausdünsten, und umher fahren.

Am meisten leidet bei den Sachen der Künstler Ramberg. Er wäre längst unser Hogarth geworden, wenn er nicht jährlich gezwungen würde, in Ridikülbüchern unser Chodowiecky zu bleiben; so aber muß er mit seiner Zeichenfeder, anstatt eignen komischen Witz zu gebären, blos fremden begleiten und wie Pflanzen auf Fettboden versetzt, statt großer Blätter, Blättchen tragen.

Sieht man aber von Ramberg und von Autoren ab, die über Werkchen Werke versäumen: so bleibt ein Ridikülbuch stets ein Gesangbüchelchen, womit man, wie sonst mit Gesangbüchern, Kinder und Freundinnen beschenkt, — in der Weihnachtzeit vermehrt dieses vergoldete Zwergobst die vergoldeten Aepfel des Kinderbaumes, und beide lassen sich genießen, wenn man das Gold abkratzt — in langen Abenden wird dieses Winterobst von guten Vorlesern aufgetragen, und der Winterschlaf der Zuhörer verliert nichts dabei, und so geht alles gut, ja besser als ich Anfangs meines Aufsatzes selber vermuthen wollte.

— Die folgenden sehr unbedeutenden, und dürren Spätlinge leg' ich nun in das Strickbeutelbüchelchen für Damen nicht ohne die wohlthuende Hoffnung nieder, daß sie ihnen recht gefallen werden; denn es ist nicht schwer vorauszusehen, daß Spätlinge, welche, wie die giftige Herbstblume am Ende des Jahres, eben so am Ausgange eines Taschenbuchs stehen und blühen, mit Gewalt erquicken und entzücken müssen, da man sie ohne Hoffnung neuer und besserer Aufsätze ruhig durchgeht, weil nach ihnen kein Blatt weiter mehr kommen kann, als das erbärmliche leere Buchbinderblatt oder das nicht viel reichere Druckfehler-Verzeichniß. Es ist dieses Mal, da ich nie ohne strengen Zusammenhang schreibe, der strengste gewählt worden, der der Zahlen; so daß die Spätlinge also anfangen:

1.

Für den Tanz und für den Walzer.

Fragt einen Wüstling, ob der Tanz, besonders der Walzer, sittlich schade: so wird er's eifrig bejahen, und desto feuriger fortwalzen. Ihr werdet ihn nicht widerlegen durch die Einwendung, daß wir doch den Walzer als einen ächt deutschen Tanz von alten Aechtdeutschen geerbt, und man nirgends von jungen Leuten gelesen, die sich damals mehr durch ihn verschlimmert hätten als die Alten, die ihn nicht erlaubt hätten, sich durch den eignen Groß-vatertanz. Der Wüstling wird, wenn er nach dem Walzen sitzt, versetzen: „in jener kühlern Altzeit habe auch ein Rabelais und Fischart, und andere Schreiber mit ihren keckſten Zeichnungen keinen Schaden angerichtet, so wenig als die damaligen freien Hochzeitreden und Männerscherze. — Je körpergesünder die Menschen, desto weniger sei ihre Phantasie entzündlich. — Jetzo aber geb' es wenige unschuldige Worte mehr, unschuldige Haltungen noch weniger — der Franzose entblöße daher durch die größere Züchtigkeit seiner Sprache das Widerspiel seiner Phantasieen, wie das Anschwellen der Flüsse gerade eine heiße Trockenheit verkündige — er würde daher seinen Töchtern, wenn er Kinder hätte, alles Walzen verbieten, er kenne die Gefahr, in die er schon gebracht, und ein Walzermann sei nichts als ein brennendes Schiff, das ein Sturm auf eine weibliche Flotte zutreibe — kurz er warne vor jeden, und vor sich."

Dieser Wüstling, den ich hier redend eingeführt, mag ein ältlicher Weltmann sein — und in der That, mit einem solchen tanze keine. Die Jugend überhaupt ist immer besser als sie erscheint, das Alter gewöhnlich schlechter. Hier nun kann der Ehemann einer guten reinen Gattin es von ihr selber erfahren, daß die feurigste phantasiereichste Jungfrau ihre Tänze bis sogar auf den Walzer durchspiele, ohne, wie tanzende Kinder, etwas anderes zu empfinden als die Lust am Bewegen (ähnlich der Lust an dem fahrenden, schaukelnden und dem fliegenden im Traume), die Freude an der Tonkunst und an eigner Tanzkunst und an der allgemeinen Fröhlichkeit. Dieses ängstliche Geschlecht hat ohnehin genug damit zu thun, daß es vor der Menge, und vor den Augen der Nebenbuhlerinnen die Glieder seines Körpers, wie ein Hauptmann die Glieder seines Corps, die rechten Bewegungen machen lasse: das Herz liegt ganz still in seinem Sommerquartier.

Muß vollends eine Tänzerin nach dem ptolomäischen und tychonischen Systeme der Anglaisen umlaufen an ihrem Himmel: so tanzt sie weniger ihr Lust- als ihr Trauerspiel täuschend vor — wie Noverre Corneille's Trauerspiele mit seinen stummen Beinen und Händen gab — und drückt durch ihre äußere Bewegung ihre innere über das schwere Stück mit tragischer Kunst aus.

Nichts zerstreuet und beherrscht ein weibliches Herz mehr, als eine Gesellschaft, und es findet da gar keine Zeit, sich selber zu verführen, geschweige den andern. Im Tanzsaal ist blos der Jüngling Herr, nur in der Laube das Weib.

Man hat bemerkt, daß sitzende Gewerkschaften, wie Schneider, Schuster, am leichtesten zu bekehren sind; und so mögen die sitzenden Mädchen leichter von Jünglingen zu bekehren sein als die springenden.

Die Gewohnheit — also auch die des Tanzes — macht, weil sie die Phantasie entkräftet oder abwehrt, alles rein, und die Ungewohnheit vieles unrein. Der endlich Siegerin gewordnen Mode bringt dieselbe reinste Jungfrau sechs Zoll Hals-Blöße unbefangen und unschuldig dar, die ihr den siebenten abschlüge, oder früher, bevor die Mode gebot, vor dem ersten halben gezittert hätte. Daher machen oft voreilige Warnungen wie Präservazion- oder Vorbau-kuren erst die Gesundheit zur Krankheit, weil sie in das Gewöhnliche etwas Ungewöhnliches und dadurch die Phantasie ins Spiel bringen; Jungfrauen gleichen zarten Bäumen, deren Rinde von den Dornen selber, womit man sie gegen hungrige Hasen verpanzert, bei starkem Winde zerstochen wird.

Wird der Tanz nicht dadurch geheiligt, daß ihn gerade die unschuldige Kindheit am meisten, und die Mädchen desto stärker lieben, je jünger sie sind, und daß die allerjüngsten mit ihrem eigenen Geschlechte so feurig um die Wette fliegen, als später sie mit unserem? Auch sollte man denken, wenn es im alten Testament sogar andächtige Tänze gegeben, im neuen wären wenigstens schuldlose gedenklich.

Um fallende Jünglinge kümmere ich mich hier nicht, welche den Schlangenapfel selber zuerst anbeißen, und dann der Eva geben. Wer Zunderaugen mitbringt, dem ist fast das Anschauen des Tanzes gefährlicher als das Mitmachen desselben; und sogar im katholischen Tempel würden einen solchen die Stellungen der weiblichen Andacht um seine eigne bringen.

Also lasset den Mädchen, die meistens in Käfigen ohne Springhölzer sitzen, die einzige weibliche Turnanstalt auf dem Tanzboden. Die Aerzte mögen berechnen, wie viele Stockungen, Verhärtungen, und heimliche Tarantelstiche der Nerven diese Wesen, die immer, wie der Polarstern den kleinsten Kreis am Himmel beschreiben — und daher zu unserem Pole werden — in einer lustigen Nacht vertanzen. Spinnende Weiber, hat man bemerkt, erhalten durch diese kleine Erschütterung sich von hysterischen Uebeln freier*); wie viel gesünder muß es sein, wenn das Mädchen selber das Spinnrad ist, das gedrehet wird! — Und wie viele trübe Tage können von einer einzigen Nacht, deren Tänze und Töne in der Erinnerung geblieben, erleuchtet werden!

Indeß, obgleich der Verfasser dieses ein leidenschaftlicher Freund des Tanzes ist, und oft halbe Nächte auf einem harten Rohrstuhl sitzt und zusieht: so hält er doch, wie den früheren Laufzaum, so auch einen Tanzzaum für nöthig, und er räth den Eltern der Jungfrauen: „nehmt ihnen die Limonade, und gebt ihnen zuletzt einen Pelz, so geht alles gut."

2.

Melancholie der Jugend.

Ein gewisser poetischer Ernst, eine philosophische Melancholie der Lebensübersicht thut den Jünglingen gegen die Blendungen des ersten Welt- und Städteglanzes jene Dienste der Milderung, wie den Reisenden in der Schweiz der schwarze Flor, welcher von den Augen die Blitze der Eis- und Schneemassen ableitet. Aber der Mann in der Späterzeit schlage ja diesen Flor zurück; das Leben wird dann nicht mehr blenden, und nur unverdunkelten Augen wird es unverdunkelt erscheinen.

3.

Das Herz des Darstellens.

Der begeisterte Schriftsteller, besonders der Dichter, schreibt — wie Goethe seinen Werther — blos, um den Empfindungen, die sich in ihm mit peinlicher Ueberfülle

*) Vogels diätetisches Lexikon.

drängen, durch Worte Luft und Raum zu geben; und ihnen die Allmacht zu nehmen, so wie der Traurige klagt, um sich auszuschütten und zu trösten. Die Nachahmer hingegen wollen sich umgekehrt den Drang der Empfindungen erst durch den Ausdruck derselben erschreiben, oder auch anders angesehen, sie dichten sich die nöthigen Gefühle an, um sie dichterisch auszusprechen, und geberden sich ohne Anlaß so feurig als Goethe oder Herder mit dem Anlaß. Insofern möchten sie den Schafen gleichen, welche an der Stelle, wo der Leithammel mit Recht sprang über einen vorgehaltenen Schäferstock, sämmtlich dieselben Sprünge machen, wenn auch kein Stecken mehr vorgehalten wird. — Mit Freuden fand ich in Goethes Lebensbeschreibung oder „Wahrheit und Dichtung" die Wahrheit seiner Dichtung, und die grade Widerlegung der frühern jenaischen Schlegelschen Lobrednerschaft desselben, welche damals die Wahrheit verunehrte, daß nur der Stoff die Form, der beseelte Eidotter die Schale bilde, weil die Lobrednerschaft selber nur Windeier von Gedichten und Romanen legte, in deren glänzender Eiform kein Leben pulsierte.

4.

Weiberschmerzen.

Blos um ein Gleichniß zu machen, sag' ich es — denn leider ist die Sache selber sogar den weiberharten Franzosen durch ein Sprichwort bekannt — daß die Weiber schärfere und längere Seelenleiden, ohne unterzugehen, erdulden können, als die Männer, welche oft ein einziger rechter Seelensturm umbricht; so sind jene dem weichen Rubine ähnlich, welcher das Feuer unversehrt ausdauert, indeß der härtere Diamant davon verflüchtigt wird. Wenn sie die geliebtesten Kinder, Gatten, Eltern verloren und die schönsten Hoffnungen und Freuden des Lebens eingebüßt: so wurde die Brust von den feurigsten Schmerzen nur wundgebrannt, aber nicht eingeäschert; nur dem Verluste eines Geliebten erlag oft eine junge Seele, aber blos des jungen Körpers wegen. — Die Hyazinthe hängt nur über Wasser und blüht ohne Nahrung fort; sind euch keine Seelen bekannt, die auch nur über Thränen blühen?

5.

Dauer der weiblichen Schönheit.

Nicht die Jahre an sich reiben die weibliche Schönheit so gänzlich auf, als man zuweilen findet; denn eine Krankheit ist an sich so allmächtig und räuberisch wie das Alter, aber sie läßt doch wenigstens eine entfärbte Blume fortbestehen, das Alter hingegen oft nur ein unförmliches Gewächs. Sondern was die jugendlichschöne Gestalt zu einer verunzierten verschiebt, ist das tägliche Ausbilden und Hervortreiben der Leidenschaften, welche früher in den stillen heitern Jahren der Liebe und der jungfräulichen Amtlosigkeit noch unerzogen geschlummert. Alles Rohe und Hitzige (und jede Leidenschaft ist beides) zieht der Schönheit die Farben aus, und das freundliche Morgenroth der jugendlichen Schönheit wird unter der steigenden Sonnenhitze ein düsteres Gewölk. Eine Frau, die immer lieben könnte, würde nie veralten; und die Mutterliebe und Gattenliebe würde manche Reize geben oder bewahren, wenn sie nicht zu oft mit dem Mutter- und Ehezorn sich in Handelsverträge einließe. Von Natur stillen, oder von Religion gestillten Frauen bleibt im Gesichte ein Nachfrühling und später ein Nachsommer ihrer schönsten Zeit zurück.

6.
Gleiche schöne Festigkeit der Philosophen und der Weiber im Behaupten.

Die wechselseitige Unüberwindlichkeit zweier Philosophen, die sich mit einander auf dem Druckpapiere schlagen, z. B. eines Leibnitz und eines Clarke, ist, darf ich wol zu ihrer Ehre voraussetzen, etwas so Ausgemachtes und Alltägliches, daß man die Literatoren auffordern kann, uns einen auch nur schwachen vorzuführen, der je vor dem stärkeren sein System hätte fahren lassen. Nie erhört! — Vielmehr wenn dieser den andern in seiner eignen eingeräumten Schlußkette recht gefangen zu haben glaubte: so hielt er ihn daran etwan nur eben so fest, wie ein Knabe eine Spinne, die er gefangen an ihrem eignen Faden wegzutragen gedenkt, den sie aber sogleich länger und herabwärts spinnt und mit welchem sie dann davon läuft *).

Und eine ähnliche philosophische Unerschütterlichkeit in Behauptungen schreib' ich auch den Weibern zu. Eine Frau behaupte gegen ihren Mann, was sie will, und beweis' es, wie sie will, der Mann ist durchaus nicht im Stande, sie zu widerlegen und zu besiegen. Denn wenn er sie an Schlußketten und Redefäden festzuhalten glaubt: so ists so viel, als wenn er einen Zwirnknäul, der auf der Erde liegt, an dessen Faden in die Höhe zu ziehen suchte; er wird immer mehr Fäden in die Hand bekommen, und der ganze Knäul wird sich darin verwandeln, aber auf dem Boden bleibt doch der Zwirnstern.

---

*) Auch die neuern überchristlichen Theologen machen auf dieselbe Unüberwindlichkeit Anspruch, aber ihr Verdienst ist vielleicht nicht ganz dasselbe, da ihnen dabei ihre Verdammung des gegnerischen Herzens alles so sehr erleichtert. —

7.
Alte Menschen.

Alle halten sich darum leicht für Weise, weil die Leidenschaften, die sie in frühern Jahren nicht löschen konnten, in spätern von selber ausgebrannt sind; und diese Erkältung nimmt bei ihnen, zumal wenn sie Andern Abkühlung predigen, unvermerkt den Schein einer besondern Selberstärkung an; eben so gewinnen die geringern Edelsteine (der Sapphir, Smaragd u. s. w.) Glanz und Wasser des Diamants, wenn ihnen das Feuer die Farben ausgezogen. — Aber aus dieser Bemerkung lerne man dennoch nicht Härte, sondern vielmehr Milde gegen den alten Menschen, der etwa, ungeachtet der kalten starren Jahrzeit seines Lebens, in Wärme uud Bewegung geräth, welche selten angenehmer Art sein kann. Leicht wird die vielseitige volle Jugend angefaßt und geregt; aber damit im Winter der blattlose dürre Baum sich bewege und beuge, da muß es stark wehen.

8.
Für Jünglinge.

Die Jugend, die für die vaterländische Zukunft mit Opferentschlüssen glüht, setzt auf der Fahrt zu ihrem patriotischen Ziele nur den Widerstand der augenblicklichen Gewalt, nicht der unaufhörlichen Alltäglichkeit voraus, nur Stürme, aber keine Eisfelder. Aber denkt daran, es werden vom hohen Pole her, wo ihr die Erd- und Himmelachse sucht, eueren Schiffen die Eisfelder (von Eisbergen red' ich nicht einmal) unter dem Namen Körperschaften, Kollegien, und Gesammtschaften entgegenschwimmen, und euch umstellen und einschließen. Eisfelder halten im Staate, wie im Meere, stärker auf, als Stürme; — und doch ist auch durch jene zu schiffen, aber nur mit Verstehen und Gedulden, und man hat Eisfelder sogar zu Häfen genützt. —

Die Jugend hat vor dem Alter den Vorzug einer festern innigern Ueberzeugung, eines stärkern Glaubens an die irdische Sonnennähe der Wahrheit voraus, indeß der ältere Mensch das Leben für einen dunkeln Kerker hält, in welchem es, zum Widerspiel anderer Kerker, gerade immer weniger hell wird, je länger man darin sitzt. Aber jenen Glauben und jene Kraft der Jünglinge erwäge der Lehrer derselben, und bedenke, daß seine Vermuthungen in ihnen zu Glaubens-Artikeln arten, und seine Lichtstralen zu Brennstralen, und daß er sie in größere Bewegungen setzt, als er berechnen oder beherrschen kann. Stellt man sich vor die aufgeschlagene Völker-Karte der Geschichte: so erschreckt uns jeder Glaube, Unglaube und Aberglaube durch die Lauwinengewalt, welche ihm einige verkettete Zufälle ertheilen können. Wagt kein Meinen und Täuschen leichtsinnig; anfangs ist ein Irrthum (wie die meisten theologischen Meinungen der Jahrhunderte) ein unschädlicher weicher Nebel; aber wenn er nicht fällt, sondern über die Völker emporsteigt und sich verdichtet: so kommt er als Donnerschlag und Regensturz wieder zurück.

9.

Die Tonkunst als das höchste Echo der Welt.

Wenn die Töne sprechen, können wir nicht unterscheiden, ob sie unsere Vergangenheit oder unsere Zukunft aussprechen; wir hören ferne Tage, weggegangne und herkommende, denn beide sind fern, und wir müssen zugleich uns erinnern und uns sehnen. Denn kein Ton hat Gegenwart und steht und ist; sein Stehen ist nur ein bloßes Umrinnen im Kreise, nur das Wogen einer Woge. Eben deßhalb reißen uns Töne niemals so gewaltsam mit sich fort, als wenn wir zugleich mit ihnen große Massen, Wolken, Schiffe, Menschenreihen ziehen sehen; das Gehen ist uns Vergehen. — Rinnen nun in den Tönen Vergangenheit und Zukunft des Herzens zusammen und fehlt ihnen die Gegenwart, die beide scheidet: so sind sie ja das irdische Echo der Ewigkeit, und der Mensch hört an ihnen kein Außen, sondern nur sein Innen und ewiges Ich.

10.

Die Blüten und das Laub.

Eine Paramythe.

Als die Blüten schon im Mai abfielen, nur blaß gefärbt, und dünn und klein geblieben: sagten die Laubblätter: „Diese Schwachen und Unnützen! kaum geboren, sinken sie schon; und wir, wie stehen wir fester und überdauern die Sommerglut, immer breiter, glänzender und fetter wachsend, bis wir endlich nach langen Verdienstmonaten, wenn wir der Erde die schönsten Früchte erzogen und gegeben, mit bunten Ordenfarben und unter dem Kanonendonner des Sturms zur Ruhe gehen." — Aber die abgefallnen Blüten sagten: „wir sind gern gesunken; hatten wir doch vorher die Früchte geboren."

Ihr stillen unbemerkten oder bald verschwundenen Menschen in den gemeinen Wohnstuben, in den Schreibzimmern, ihr wenig geachteten in den Schulstuben, ihr edeln Wohlthäter ohne Namen in der Geschichte und ihr ungekannten Mütter, verzagt nicht vor den Prangenden auf Staatshöhen, auf Goldbergen, auf Triumphbogen untergeackerter Schlachtopferfelder; verzaget nicht — ihr seid die Blüten!

11.
Unser Fassen der Größen.

Ob ihr gleich unter allen Größen gerade den Sternenhimmel durch das stärkste Verkleinerungglas erblickt, so faßt ihr doch seine Unendlichkeit nicht, und die Unendlichkeit der Zeit hinter euch eben so wenig, als die vor euch, noch den Pol-Tag der Ewigkeit, wo die Sonne immer an demselben Punkte aufgeht und untergeht, und nicht die unendliche Tiefe des Lebens, das zugleich Seelen verkörpert und Körper beseelt — — und dennoch wollt ihr den Allgeist, in welchem diese Unendlichkeiten wohnen und verschwinden, auf euern Lehrstühlen und Kanzeln, begreifen und fassen? Nehmt nur erst das Maß vom All, eh' ihr die Gottheit umklaftert!

12.
Die Liebe.

Wie in dem Meere, wenn es ganz gestillt und durchsichtig ist, sich unten der gespiegelte Himmel so leise und enge mit dem obern zu Einer Himmelkugel verwölbt, daß die Schiffenden, wie ungetragen, in einem leichten Aether der Welt hinzuschweben glauben; so weiß die Liebe Wirklichkeit und Ideal, Erde und Himmel so enge zu vermählen, daß alles weicher Himmel ohne harte Erde wird, und alle Vergangenheit und Zukunft zu Gegenwart. Denn die Liebe begehrt nichts als das Jetzt, das sich blos unverändert verlängern soll; und darum ist sie eben so unerschöpflich-reich, weil ihr Jetzt alle Geschenke der Zukunft ersetzt und darreicht durch bloßes Nahesein und Aneinanderdenken. Die Liebe behält immer die heiligen Sternbilder ihres Himmels auf unserer umrollenden Kugel über sich; denn welche Bilder auch die Kugel verdeckte in Abend, sie muß neue bringen in Osten. — — Und mit diesen gar nicht neuen, sondern (zum Glücke) recht alten Gedanken über die Liebe mag denn mein Nachflor einen Kalender für Frauen am schicklichsten beschließen. Und wie am Ende eines Gastmahls wollen wir rufen: sie sollen leben, nämlich lieben!

Briefblättchen an die Leserin des Damen-Taschenbuchs bei gegenwärtiger Uebergabe meiner abgerissenen Gedanken vor dem Frühstück und dem Nachtstück in Löbichau*).

Geneigte Leserin! Zuerst verzeihen Sie das Sie. Den Leser, Ihren Hrn. Gemahl — oder Hrn. Sohn — oder Hrn. Vater — Stiefvater — Urgroßvater — Hrn. Liebhaber u. s. w. duzt leicht jeder im Druck, und sagt: du geneigter Leser. Aber Sie, Theuerste, darf ich, sollte auch einige Vertraulichkeit zwischen uns beiden seit einer Anzahl meiner Bücher und Schreibjahre sprechen, welche vielleicht zu einer Silberhochzeit hinreicht, nicht schicklich zu einem Du machen, sobald ich etwas von der Zartheit des französischen Hofes zeigen will, wo nach dem

*) Löbichau, das Gut der Herzogin von Kurland, liegt im Altenburgischen.

Dictionnaire der Frau von Genlis *) Männer, die sich duzen, niemals in Gegenwart der Prinzen von Geblüt ihr Du fortsetzen dürfen, so wie sie sich noch weniger vor ihnen umarmen. Da ich Ihnen nun meinen Arm, mit der Feder in der Hand, gegeben, um Sie nach Löbichau in das Schloß der Herzogin von Kurland zu führen, so werde ich wol in die Gegenwart der letzten und ihrer drei Prinzessinnen schicklicher das alte Du aussetzen.

Leider weiß das halbe Deutschland, wie ich seit mehren Jahren in das Taschenbuch für Hrn. Cotta und für Sie nichts zu geben hatte — keine Liebgeschichte, nicht einmal die wahreste Familiengeschichte, weder Lehr- noch Klanggedichte, kein Heu- oder Grummetlied, noch sonst etwas — sondern alles, was ich aufbrachte und aufsetzte, waren einige abgerissene Gedanken, bei welchen ich jedesmal von neuem die alte Marter hatte, eine frische Entschuldigung oder Einkleidung für meine häufige Bruchstückgießerei auszukünsteln. Ach! Sie wissen es gewiß noch, Beste!

Auch dießmal steck' ich in das Taschenbuch oder in Ihre Buchtasche wieder so etwas — nämlich die abgerissenen Gedanken vor dem Frühstück und dem Nachtstück in Löbichau —; aber es schadet mir wenig, wenn sie Ihnen schlecht gefallen, weil sie nur Nebensache sind, die Umgebung aber, wo ich sie machte und vorlas, das Schönste und Beste daran. Und wenn ich Ihnen diese schildere, so bekommt mein Schreibpapier einen vergoldeten Schnitt, oder die Gedanken vor dem Früh- und Nachtstück eine Spitzengarnitur, welche immer feiner ist, als der Zeug, um welchen sie sitzt.

---

*) Deren Dictionnaire des Etiquettes de la cour etc. T. I.

Das Weitläufigere gehört in die Selberlebensbeschreibung, daß der Verfasser der gedachten Gedanken Abends den 31. August 1819 nach dem Wunsche der Herzogin, und nach seinem noch stärkeren in ihr Schloß zu Löbichau unter zwar schwacher und nicht militärischer, aber reizender und weiblicher Begleitung gebracht wurde. Das freundliche italienisch abgedachte Sommerschloß liegt, mit seinem Altane und seinen Säulen, vor dem weiten bowling-green, um welches sich der einfache Park mit seinen Baumgängen zieht; und an den Park lehnt sich das freundliche mit Bäumen durchzogene Löbichau. Im Schlosse wohnten die Herzogin und ihre Schwester, die Gräfin Elisa von der Recke und alle Gäste beider. In Tannefeld, einem kleinen Sommer- oder vielmehr Frühling-Sitz, eine halbe Stunde entfernt, wohnten die drei Töchter der Herzogin, die Fürstin Pauline von Hohenzollern, die Herzogin Johanna von Acerenza und die Herzogin Wilhelmine von Sagan mit ihren Pflegetöchtern und Freundinnen. — Es kostete mir bisher Mühe, gute Leserin, so oft das Beiwort „reizend" zu unterdrücken; später aber ist mir die Mühe nicht mehr anzusinnen.

Wenn ich Ihnen nun zu erzählen anfange, daß ein Viertelhundert Fremde im Schlosse ihre kurzen Herbstquartiere bezogen, und daß zuweilen Sonntags über 35 Menschen im Speisesaale sich setzten: so werden Sie sich noch nicht so sehr wundern, als wenn ich fortfahre und berichte, wie es nicht viele Beispiele gibt, daß Gäste nur einige Tage da geblieben — außer denen aus Nachbarstädten, die es durch Wiederkommen zu ersetzen vermochten —; sondern daß, wenn auch einige wie ich, blos vom 31sten August bis zum 17ten September verweilten, dafür wieder andere, zuweilen mit Familie, 4, 5, 6 Wochen da ausgeharrt.

Aber zuletzt werd' ich Sie, Theuerste, doch am meisten mit der seltnen Thatsache — weil Sie den Grund des Bleibens und Vereinens weniger errathen können — überraschen, daß Gäste aller Art da saßen und wandelten, — Grafen — Gräfinnen — Barone — Baronessen — Doktoren der Arzeneikunde — dergleichen der Gottesgelahrtheit — dergleichen der Rechtsgelehrsamkeit — Präsidenten — Maler — Musensöhne — Dichter — alle mit, oder ohne Frau und Kind. — Um nur vor der Hand die Dichter zu nennen, so waren Schink, Tiedge und ich selber da. Doch lassen sich auch Grafen und die Uebrigen mit Namen vor Ihnen, Sie Gute, zumal da Sie schweigen können, leicht namhaft machen, wenn man gleich mir nicht so deutsch-kleinstädtisch (denn manche hätten sich aus Namenscheu gern anonym taufen lassen) denkt, wie die orientalischen Fürsten, welche den eigenen Namen, den die unsrigen so oft unterschreiben, dem Volke bis an ihr Ende verhehlen. Ich mache daher frei in diesem Taschenbuche namhaft den Präsidenten Feuerbach mit Sohn aus Anspach — Gräfin Chassepot aus Paris — Frau von Piatoli — Baronesse von Ende mit Sohn aus Dresden — Doktor Marheineke aus Berlin — Graf von Schulenburg — zwei junge Grafen von Medem und deren Begleiter — Maler Wetzel — Schriftsteller Eberhard aus Halle mit Frau und Sohn — Kreismarschall von Firks aus Kurland — Doktor Krotschke und H. von Brink, beide mit Frau uud Tochter aus Mietau, und Herr von Fölkersam, und noch mehre aus Kur- so wie Deutschland. Vor der Hand Namen genug in Löbichau! — Denn die Fräulein Marie Wilson und

Luise Wilmer und die Fräulein von Gersau und von Bomhardt gehören alle nach Tannefeld. Sie sehen gelegentlich, schöne Leserin, daß ich mich sogar in Tannefeld Ihres Beiworts, wenn auch mühsam, zu enthalten vermag.

Da Sie nun, Gute, schon längst — wie ich von sicherer Hand weiß — persönlich die Herzogin von Kurland kennen: so braucht es Ihnen nicht erklärt zu werden, wie leicht eine solche Kreisausschreibende Fürstin die Kreisstände in schönen Zauberkreistagen festhält. Ihr Name wurde oft in Europa mit Entzücken ausgesprochen, und noch blüht sie neben den töchterlichen Blüten fort; denn wo hinter den zaubernden Augen scharfsichtige sind, und hinter dem schönen Angesichte eine ähnliche Seele mit ihrer Ruhe und Milde und Liebe wohnt: da verwelkt wenig an der Zeit, und das Innere erhält das Aeußere verjüngt.

Das Beste aber ist, meine Leserin, ich beschreibe das Löbichauer Leben selber, und zwar nach den Tagzeiten. — Fang' ich bei dem Morgen an, so ist da noch alles ziemlich einsam und ruhig; jeder Gast frühstückt mit sich selber, und sieht blos aus seinen Fenstern über den Altan, wenn er so wohnt wie ich, einzele Damen durch die Park- und Morgenkühle langsam wandeln, oder Kammerjungfern, die noch nicht in heißem Feuer und Handgemenge mit dem ungeplatteten und ungefalteten Weißzeug stehen. Manche Herren, die zu den Gelehrten gehören, arbeiten ungestört an ihren Papieren, bringen aber, wenn es ihnen wie mir geht, wenig zu Stande. Auch Morgenbesuche werden später von beiden Geschlechtern hin und her gemacht, z. B. von mir bei meiner Freundin der Frau von Ende, deren Zimmer mit denen ihres Sohnes an meine stoßen. Allmälich wird schon nach Tannefeld zu den Prinzessinnen und ihren Umgebungen von jungen Herrn gefahren, oder — z. B. von mir — gegangen. Die Herzogin Dorothea ist in ihren Zimmern, und liest und schreibt.

Inzwischen geht dieß alles blos in den frühen Privatfrühstücken vor, ehe man endlich zum allgemeinen oder Generalfrühstück läutet, das Mittags um 12 Uhr eintritt. Viele (worunter ich selber gehöre) sind der richtigen Meinung, daß der Name Frühstück durchaus unrichtig ist; denn offenbar ist dieses ein nach der guten alten Bürgersitte, obwol etwas später aufgesetztes Mittagessen, nämlich nicht wie dem Volke schon um 11 Uhr, sondern um eine Stunde später aufgetischt. Dieß bestätigt noch mehr außer der Menge warmer Schüsseln am meisten das fälschlich ein Diner genannte Abendessen, das, wenn auch nicht wie bei Bürgern schon um 6 Uhr, doch sogleich um 7 Uhr einfällt; und das sich von jenem — denn die größere Schüsselmenge entscheidet nicht — blos durch die Schaugerichte auszeichnet, welche aber für einen Magen kein besonderes Gewicht in seiner Eß-Zeitrechnung behaupten. Wer von diesem alten Bürgerbrauch durch Weltsitte entfremdet worden, und erst um 3, 4 Uhr Mittags speisen will, oder wer andere Anlässe hat, bleibt ohne Entschuldigen weg; denn man kommt und geht frei, und alles ist hofzwanglos vom Sprechen bis zum Kleiden. Glücklich preis' ich eine Fürstin, die nur einen leichten Fürstenhut und keine schwere Königkrone tragen muß; sie kann ihren Kopf bequemer niederbücken zu einer Wiesenblume der Freude, oder aufheben zu einem hohen Sterne der Andacht, und sie braucht zu einem wahren Feste nicht erst abzuwarten, bis die Festlichkeiten abgelaufen sind, wie etwa in Frankfurt am Main die Messe vier Wochen lang eingeläutet wird, und der erste Meßtag erst anfängt, wenn man wieder ausläutet. Der Thronhimmel steht blos dem Fürsten am meisten offen, und läßt ihm Aussichten der Freiheit; aber anders lebt darunter nicht blos der Hof, welchen oft die Gnadenketten noch enger einschnüren, als die Ungnadenketten, sondern sogar die Fürstin, welche die goldnen Erbsketten des Standes und des Geschlechts zugleich umwickeln als Schmuck.

Dieß geht bis zu Kleinigkeiten herunter; denn sagen Sie, was Sie wollen, Theuerste, es ist doch angenehm — wenigstens für einen schriftstellenden Gesandtschaftrath wie ich, — wenn er, um bei Hofe zu erscheinen, kein Hutfilzdreieck und keine Schuhe zu haben, und folglich zu borgen braucht, um damit aufzutreten, sondern wenn er so kommen darf wie er ist. Wundersam ist's wol, wenn an Höfen, wo sich sonst alles runden, und zum wie im Zirkel drehen muß, blos der Hut seinen Stech-Ecken-Dreizack weisen, oder warum der Thron ein Besuv sein soll, den man bekanntlich nur in Schuhen besteigen darf; — zu geschweigen noch einer halben Trillion von beschwerlichen Aeußerlichkeiten mehr.

Aber was ist die schöne Abwesenheit oberflächlicher Zwang-Anstalten gegen die selige Herrschaft der Sprechfreiheit? — Schöne Leserin, Sie konnten, wenn Sie in Löbichau an der Tafel saßen oder nachher auf dem Kanapee, welche Meinung Sie wollten, ergreifen, oder angreifen — gegen oder für Magnetisörs — gegen oder für Juden — gegen oder für Ultras und Liberale; — ja Sie konnten besonders im letzten politischen Falle, wie Sie da wol als Dame zuweilen thun, Ihre schöne Stimme geben als eine lauteste: niemand wird etwas dagegen sagen — als höchstens seine Gründe. Da begab in einem politischen Gespräche, wo alles durch einander focht, Gelehrte, Prinzessinnen und andere Frauen, sich die immer ruhige und heitere Dorothea auf den Kampfplatz, um die brennend zusammengehenden Stralen verschiedener Parteien sanft auseinander zu brechen, und in ein mildes reines Licht zu verwandeln zum Sehen und zum Freuen. Dieses Freisein im geselligen Sprechen wie im geselligen Genießen ist nun der gesellschaftliche Vertrag (contrat social) in Löbichau; gebt aber nur Freiheit: so gedeihen beide, Freuden wie Kenntnisse, von selber; am Freiheitbaum lassen sich die Freudenreben höher ziehen, so wie die Zweige des Erkenntnißbaumes.

Ich merke erst, edle Leserin, daß wir noch nicht von der Tafel des sogenannten Frühstücks aufgestanden, welches, wenn man ihm die spätern Gespräche noch anfügt, wol über einige Stunden dauern mag. Darauf geht jeder, wohin er mag, in seine Studier- oder seine Lesestube (da er sie aus der ausgesuchten französischen und deutschen Bibliothek der Herzogin völlig verproviantieren kann) — oder in die Bibliothek selber, oder (wenn es später und er etwa eine Frau ist) in sein Putzzimmer für das Abend-Diner — oder, wie ich öfter, in den Wagen der Gräfin Elisa von der Recke, wo ich diese einzige in ihrem frommen Wollen und hellen Glauben, warmen Lieben und festen Leben hochstehende Frau noch in einem ganz andern Lichte erblicken lernte als in der Aufklär-Journaliere eines Biesters und Nikolai — oder endlich geht oder fährt einer und der andere, wie ich und noch viele nach Tannefeld zu den Prinzessinnen, welche selten alle bei dem Mittagfrühstück erscheinen.

Es ist nicht zu verhehlen, Freundin, daß es im Tannefelder Zauberschlößchen erträglich ist — unten der Arbeitsaal für die vornehmeren weiblichen Putz- und Nähfinger mit seinen offenen Fensterthüren gegen die schöne hinabliegende und zu einem fernen Kranzgebirge emporsteigende Landschaft; — oben die kleinen Wohnzimmer, alle so heiter durchleuchtet, wie Herzkammern vom Frühling, ein helles Sonnentempelchen zusammen bauend — und noch dazu eine freundliche Johanne und Pauline und Wilhelmine, und zuweilen auch die geliebt-liebende Mutter mit den Freundinnen im Saale vereinigt zu heiterem Gespräch und Geschäft: wie gesagt, es ist da auszuhalten von jedem Gast.

Inzwischen sieht doch alles der Adopzionloge auf den Abend in der Mutterloge zu Löbichau entgegen, wo sämmtliche Brüder und Schwestern vor der Ordenmeisterin, freimauerisch zu sprechen, arbeiten. Sonst übrigens brauchte einer, der weder nach Löbichau, noch nach Tannefeld gehen wollte, blos in der Mitte der Straße sein Zollhäuschen anzulegen: so bekäme der Augenzöllner fast alles, was in beiden Schlössern ansäßig ist, zu Gesicht, oder wenigstens die würden vor ihm vorübergetragen, von welchen die Lorettohäuschen gebracht und niedergelassen werden.

Das Abend-Diner, das um 7 Uhr anfing, dauerte nach dem Aufstehen von den Eßstühlen bis Nachts 12 Uhr, hatte aber täglich das Schöne, daß man das Schöne selten voraus wußte, womit der Zeitraum sich füllen und erfreuen würde; denn man las das reife Fallobst der Freude blos auf, aber man hob keinen langen Obstpflücker in die Bäume hinein. Schon vor 7 Uhr hatte der Briefsteller dieses, meine Freundin, die Freude, daß unter seinem Fenster sich auf dem Altan, der in das Sammelzimmer führt, mehre Köpfe und Köpfchen sammelten, auf die er hätte Blumen niederlassen können. Alle Bewohnerinnen des Tannefelder Zauberschlößchens erschienen zum Abendessen, und blieben bei den Abendfreuden. Es war für ein menschenfreundliches Herz ein schönes Zusehen, mit welcher Wechselliebe Mutter und Töchter sich nach kurzem Entbehren wiederfanden, und wie bei ihnen die sonst von der Welt abgenützten Zeichen der Zärtlichkeit eine höhere Würde und Wärme empfingen, und wie eine Pauline und eine Wilhelmine, deren Herzen nicht einmal ihr eigner himmlischer Gesang aussprechen konnte, und wie eine Johanna mit dem bescheidenen hohen reichen Gemüthe eine solche ihrer Töchter würdige Mutter liebten und küßten.

Das Essen fing noch unter den Sonnenstralen an. Auf den gegenwärtigen Briefsteller machte daher an der langen Tafel — welcher zuweilen, zumal an Sonntagen, ein kürzerer Ergänztisch, mit dem Ueberschusse freudiger Jugend gegenüber stand — immer das Helldunkel der Dämmerung, worin sich vor dem Auftragen der künstlichen Lichter, eine so große Gesellschaft fröhlich bewegte, durch das Erinnern an das dorfmäßige Zuhausesein in den Kinderjahren, wo auf dem ärmlichen Lande das Abendessen des Sommers lichterfrei in das sanfte Dämmern einfiel, einen kindlich-poetischen Zaubereindruck.

Was nachher geschah nach dem Essen, sowol im Speisesaal als in der offenen Zimmerreihe, war leicht zu machen und schwer zu weissagen. — Es konnte z. B. ein berühmter Violinkünstler kommen und spielen, wie ein Paar male geschehen — Fürstin Pauline und ihre Schwester Wilhelmine mit Fräulein v. Gersau konnten aus dem Tancred, oder ein Stabat mater meisterhaft singen — oder es konnten deutsche und schweizerische Volklieder, ja ganze Chöre gesungen werden — oder, was am häufigsten vorkam, vorgelesen — oder gesellige Spiele *) gespielt — oder getanzt — oder all dieß nach einander auf einmal, denn alle nahmen zuweilen an allem Antheil, zuweilen einige an einigem, da man vom Speise- und Tanzsaal an bis durch die Zimmer-Kompagniegasse hindurch, alle Freiheit in der Wahl der Freuden behielt; Freudenblumen sind eben keine Bastpflanzen des Zwangs, sondern Sinnpflanzen des Gefühls.

Ich werde nachher, Freundin, einige Abendfestlichkeiten schon weitläuftiger durchgehen, z. B. den Tanz; nur muß ich vorher, bei dem Mangel einer einzigen, so gut ich kann, entschuldigen, daß dem Saale etwas fehlt, was sonst jede weit weniger heitere Gesellschaft besitzt, nämlich Spielkarten. Ich will es an sich nicht leugnen, daß diese je höher hinauf, desto unentbehrlicher werden, und daß da, wo gar ein König im Spiele und Saale ist, die vier Kartenkönige entweder seine Mitregenten oder seine Vasallen sind, weil ohne die vier Kartenfarben die Himmelkarte der geselligen Lust gar nicht zu illuminierrn ist; auch der gewöhnlichste Adel will seinen Kartentisch gleichsam als einen Freitisch des Gewinns nicht entbehren, und die ganze freundschaftliche Versamm-

*) So wurde z. B. der Schriftsteller Schink, der täglich witzige Charaden zum Lobe der Frauen umher gab, nach allem der alten Zeit nachgespielten Zeremoniell und Pomp zum Meistersänger Frauenlob der 2:e in einer öffentlichen allgemeinen Hof- und Krönsitzung ernannt und bekränzt, mit einem scherzhaft-spielenden Ernste, den keine Bosheit zu einem ironischen vergiften könnte; und der promovierende und der kreierende Kanzler und dessen humoristisch-versifizierte Anrede an den Koronanden wurde vom Präsidenten Feuerbach gemacht, der bei dieser Gelegenheit wie mehrmal seine philosophischen Verdienste mit geselligen umkränzte.

lung sitzt an ihren Tischen, und bittet wechselseitig, wie die Leute in Blankensee bei Altona in der Kirche, Gott um ein gesegnetes Stranden der andern. — Wie wäre auch das Menschenmischen der Gesellschaft ohne Kartenmischen auszuhalten? Die Kartenblätter werden die Oelblätter oder Heftpflaster der stillgrimmigen Leute, die einander sonst mit etwas Schärfern lieber stächen als mit Trümpfen. Auch Männern, die nichts zu sagen wissen, am wenigsten zu Frauen, gibt man aus Zartheit die Karte als einen Freibrief oder Ablaßbrief des Nichtssagens in die Hand, und sie können dann ihre Witzzahlung in gutem Kartenpapier abendlicher Währung ableisten. — Aber eine Quadrupelalliance mit den vier Kartenköniginnen gegen Grimm und Langweile hat eben des Löbichauer Tetrarchat nicht nöthig. Ein anderes ist ein ordentlicher Hof, der ein wahres neueres Arkadien vorstellt, wenn es wahr ist, was die Reisebeschreiber *) vom griechischen melden, daß da Sümpfe, Armuth und Aussatz durch des Großherrens Gehülfen regieren, und mancher Hofmann sagt daher mit Recht und sieht welk dabei aus: auch ich war in Arkadien! Ein anderes ist Löbichau, wo nicht gespielt wird, außer etwa Sprichwörter oder Charaden — oder ein kleines Bühnenstück — oder sogar eine blinde Kuh, wo unter mehren Personen von Geburt der Verfasser der abgerissenen Gedanken — wie Sie nachher weiter unten in diesen selber **) lesen werden — nicht die schlechteste Rolle spielte, sondern die schönste.

*) Nach Walpole's neuesten Nachrichten. S. Oppositionsblatt Nro. 34. 1817.

**) Nro. 6. „Der erste Fall in der Welt, wo ein Gesetzgeber selber sein Gesetz hielt, und nur er allein.“

Ob ich mir etwas Aehnliches auch bei dem Tanzen schmeicheln darf, will ich nicht keck entscheiden, besonders da ich das, was man gewöhnlich Tanzen nennt, gar nie gelernt. An den meisten Abenden tanzte auf einige Stunden die schöne Welt, oder doch ein Paar Welttheile derselben, die andern Theile saßen und sahen zu, oder sprachen wahlverwandt. Schwere und leichte Tänze wurden anspruchlos gewählt. Häufig setzte in der Eile der Wahl sich eine reizende, sogar fürstliche Tänzerin selber an das Wiener Instrument, und stellte allein ein Orchester so lange vor, bis wieder eine andere Tänzerin sich spät an ihre Stelle setzte. Sehr wenig Aufwand bei so viel Genuß! — Aber mit Recht; mit dem Golde des Reichthums oder des Glanzes ist es wie mit dem Golde an einem oder an diesem Taschenbuche, das Sie, meine Leserin, durchbrechen und bei Seite schaffen müssen, um die Blätter desselben, z. B. diese, erst zu genießen. —

Nun ließ sich der Verfasser dieses nie in Spring- und Drehtänze, in Allemanden, Anglaisen, Eccosaisen, Francaisen ein — Pas machen kann er ohnehin nicht — sondern Polonaisen sind sein Geschmack. Indeß er jene Tänze als künstliche Versmaße mit Daktylen und Anapästen und Antispasten und Päonen lieber andern überließ: so tanzte er in der Polonaise seine gute, schlichte, reine Prosa ab, ohne irgend einen Versfuß der Füße. Kann aber der große Musikspieler sich weniger im vorüber klappernden Allegro zeigen und entfalten, als im langsam hingezogenen Largo: so ist es vielleicht möglich, daß ich mich im Largo-Polnischen einigermaßen vortheilhaft entwickelt habe; und wie die Schullehrer die Alten auf zweierlei Weise traktieren, kursorisch und (was besser ist) statarisch: so war gegen die kursorischen Tänze der andern, der meinige vielleicht statarisch. Es war den 5ten September vorigen Jahres, daß ich drei Polonaisen oder Andanten an Einem Abende tanzte, die erste mit der Gräfin von der Recke, die zweite mit der Herzogin von Kurland, und die dritte mit der Herzogin von Sagan. Aehnliches wurde den 8ten an der Hand neuer Tänzerinnen versucht. Aber am 12ten wurde die Sache schwerer gemacht; Herr Landmarschall von Firks — ein kunstreicher, flinker Vortänzer, mit dem ich gern nicht wettrennen will — schraubte schadenfroh die polnische Prose zur poetischen Prose hinauf; denn man mußte häufig eine Dame nach der andern fassen, ja unter aufgerichteten Armen-Siegbogen durchziehen und selber wieder solche Bogen bauen. Indessen überwand ich die beiden Schwierigkeiten — wie an einem Hofe — durch Bücken und durch schnelle Konnexionen glücklich genug; und ich bekenne deßhalb gern, daß ich hier mit einigem Vergnügen in mir den versteckten Tänzer ertappte, wie Professor Schubart im Menschen den versteckten Poeten. —

— Vielleicht flecht' ich hier am schicklichsten ein Wort über den Zweck dieses Schreibens ein, Verehrteste. Ich hoffe ihn nämlich zu erreichen, wenn ich durch das Schreiben den ersten Stoß dazu gebe, daß in künftigen Herbsten das ganze Korps der Almanachschreiber, jeder mit seinen fertigen Almanachen in der Tasche, aus den verschiedenen Hauptstädten in Zügen aufbricht, unterwegs sich mit vermischten Schriftstellern vermischter Schriften verstärkt und in Löbichau eintrifft, um das Schloß zu besetzen, und auf diesem Weinberge zu herbsten nach Herzens Lust. Wenigstens ist es darauf gemünzt von mir.

Einen andern, aber einzigen Abend lege man nicht auf die Gold-, sondern auf die Perlenwage. Um 9 Uhr

Abend nach dem Essen lud die Herzogin Dorothea zu einem Spaziergange durch die Baumgänge auf eine kleine Insel, wo man Mittags vorher gefrühstückt, so gleichgültig ein, als wolle sie nichts verheißen. Als man in den hohen und langen Baumgang eintrat, war er von den untersten Zweigen bis zu den Gipfeln überglänzt, und alles Laub war wie vom Frühling oder Abendröthe durchsichtig. Lampen unter den Bäumen, von kleinen Vertiefungen verdeckt, waren Lichtspringbrunnen, und durchsprengten mit einem aufwärts steigenden Glanz das dunkle Gezweig. Aus dem Grün schienen verklärte Bäume aufzuschweben, und die Blätter als feurige Zungen zu zittern. Durch die Feuersäulen-Ordnung kam der Zug in das kleine runde Eiland, wo man von erleuchteten Bäumen wie von Glanzriesen umzingelt, oben nur einen schwarzen Ausschnitt des Nachthimmels mit blitzenden Sternen erblickte. Musik und Gesang gaben dem stillen Glanze und der Zauberinsel gleichsam Bewegung, und die Lichter wurden zu Tönen. Am Ufer jenseits der Insel bog aus dem Blätterdunkel sich eine männliche Gruppe, und geschieden von ihr eine weibliche heraus, und sahen erfreut dem Freuen zu; und beide nahmen später selber von der geräumten Insel Besitz. Als nun auf dem Rückwege die ganze Gesellschaft, Arm in Arm, durch die ätherischen Freudenfeuer auf beiden Seiten mit dem gemeinschaftlichen Absingen eines deutschen Liedes zog, und es mir war, so viel ich hörte, als ob ich selber mitsänge: da hatt' ich endlich jene Nacht des Himmels, nach der ich mich durch meine leere Jugend hindurch so oft umsonst gesehnt; eine Nacht, in der ich in der Jugendzeit mein unbewohntes Herz dahin gegeben hätte, ja, wären mir Jüngling so viele Herzen als Herzkammern beschëert gewesen: ich hätte noch die übrigen drei herum geboten unter dem Glänzen und Singen.

Im Saale sang noch die Fürstin von Hohenzollern mit ihren Gehülfen ein himmlisches Stabat mater; und nach dem Punsche endigte endlich ein musikalisches Finale den ganzen neunten Tag des Herbstmonats .... Mich dünkt aber, Verehrte, es war genug Herbst darin, ein ganzer Fünfviertelherbst.

Inzwischen ist doch sehr die Frage, ob Sie und ich nicht den 12ten September vorziehen oder das Erntefest, das selber eine geistige Ernte war. Einen kostbaren Altarschmuck von goldenen und silbernen Gefäßen, mit einem neuen Altartuche hatte die Herzogin Dorothea zum ersten Ausstellen für das Erntefest bestimmt, wo Nachmittags zur Erntepredigt alle ihre Gäste sich in der hellen freundlichen Kirche versammelten. Uebrigens erwarteten die vier Fürstinnen nicht erst kirchliche Anlässe zu ihren Kirchenbesuchen. Eine warme reine Liebe der Religion adelt Töchter und Mutter, so wie die Schwester der letzten, die ächte, lichte, kräftige Protestantin Elisa. Hierin unterscheiden sich von Frauen wol am stärksten die Männer, zumal höhern Standes, welche stets auf ihren Reisen die Kirchen besuchen, um darin vor den Gemälden, Säulen und farbigen Fensterscheiben ihre Andacht zu verrichten, sobald sie nicht eine volle Kirche durch Singen und Predigen daran hindert; daher wie man in französischen Städten vor dem Porte-dieu ein Glöckchen läutet, das Judenglöckchen genannt, um die Juden vor der Ankunft des Kruzifixes zu warnen und zu verscheuchen: so werden mit Recht vor Reisenden und Kennern, jedesmal ehe die Kirche angeht, Sonntags die Glocken geläutet, damit sie sich nicht unversehends in eine volle Kirche verlaufen.

In der Löbichauer war Andacht, fromme Freude, und Dank an den Himmel, der ihnen die reiche Ernte und die wohlwollende Fürstin gegeben; und ein solcher Dank sah schön aus auf so vielen Gesichtern des Landvolks; und manche alte Köpfe waren eines Bildners würdig, — hätt' ich beinahe geschrieben, als wenn nicht der Künstler selber vom Ur-Bildner gemacht wäre, welchem ja ein Raphael sein eigenes Zaubergesicht noch früher verdankt als seine gemalten Gesichter.

Eine Stunde nach geendigter Gottesfeier brachte eine schönere und frohere Prozession als gewöhnlich Gott erhält — vor welchem immer nur Leichen-, Weh- und Fleh-Prozessionen von mitkriechenden Prozessionraupen ziehen — der Fürstin die Zeichen dankender Liebe und Freude. Unter Musik zogen vor dem Schlosse — auf dessen Altan die Fürstin sammt den Ihrigen und andern standen — Knaben und Mädchen, Jungfrauen und Jünglinge und Männer vorüber, mit Blumenkränzen auf den Rechen, und riefen ihr Lebehoch. Die Herzogin warf ihnen nicht blos Blicke, auch Worte ihres eigenen Dankes und Freuens hinab, welche für die treuen Menschen eben so viele ausgeworfene Geschenke und Krönungmünzen waren. Entzückt schaueten die Jünglinge empor, und vergaßen über die Geberin die Gaben, und sahen ihr eigenes Bedanken für ein zweites Bekommen an. Einige ältere Abgeordnete von edlem Männeranstand kamen hinauf, und überbrachten ihre Anrede und ein gedrucktes Gedicht, mit freierer Haltung, als leider der gelehrte und beamtete Mittelstand gewöhnlich zusammenbringt. Freilich Ihre Unterthanen allein wissen am besten, wie sie ihre Schulverfassung, ihr Gemeindewesen und ihren ganzen Wohlstand mit männlicher Ein- und Umsicht und fester ernster Kraft emporgehoben. Sie nahmen, wie ich hörte, von ihr das Anerbieten eines Freiballs im Wirthhause aus Dank-Bescheidenheit gar nicht an, sondern wollten die letzten Freuden ihres Erntefestes lieber selber bezahlen.

Und hiemit schließe sich auch die Beschreibung meiner eigenen Ernten und Erntefeste in Löbichau! Niemand aber könnte mich für mein langes Ernteregister schöner belohnen, als Sie, unvergeßliche Leserin, wenn Sie als Vorleserin oder Lektorin mir Ihre Verwendung angedeihen ließen, und meinen Dank für die geschenkten Laubhüttenfeste des Geistes mündlich (ich weiß keinen mehr sichern Kanal) an Ihre Durchlaucht die Herzogin Dorothea befördern wollten, so wie an Ihre Durchlauchten die Herzogin von Acerenza und von Sagan und die Fürstin von Hohenzollern.

Hier stehe noch, was ich allen selber den 15ten September vorgelesen, Sie aber noch nicht kennen, nämlich eine scherzhafte Erntepredigt als Danksagung an die hohe Wirthin, als am 13ten, 14ten, 15ten so viele Gäste nach Hause fuhren, und ich ihnen am 17ten nachflog.

Erntefestpredigt in der Löbichauer Kapelle meines Schlafzimmers den 15ten September gehalten im Traume.

Meine andächtigen Zuhörer und Zuhörerinnen aus Kurland und Deutschland! . . . .

— — So weit der Anfang der Predigt; denn leider hatt' ich bei dem Aufwachen den Eingang, und die 32 Theile, in welche ich die Predigt eingetheilt, völlig vergessen; nur die Nutzanwendung oder der usus epanorthoticus ist mir geblieben, und lautet so:

— Und so hätt' ich denn, theuerste Gemeinde, in 32 Theilen ganz kurz gezeigt, für welche Ernte von Aehren- und von Traubenlese wir unserer warm verehrten Dorothea zu danken haben, eh' wir anspannen lassen. In höchster Freiheit haben wir ohne alles Bindewerk des Hofzwangs — denn die Amors-Binde kann wegen ihrer Weichheit für nichts gerechnet werden — ohne härtere Ketten als die aus Blumen, und nicht im Schweiße des Angesichts, sondern im Lächeln desselben, haben wir alle unsere Freudengarben eingesammelt von hier bis nach Tannefeld, und der Prediger selber fährt mit den ansehnlichsten Zehnden überpackt nach Baireuth zurück.

Ich habe schon im 19ten und 20sten Theile meiner Predigt einer andächtigen Gemeinde die Ernten weitläufiger vorgezählt, welche sie auf dem Fuß- oder Tanzboden gefunden hat — und auf den Klaviertasten — und auf der Tafel — und sogar auf dem Kirchwege zwischen der Mutterkirche Löbichau und der Tochterkirche Tannefeld, wo sich immer die Eingepfarrten aus beiden Kirchsprengeln begegneten. Und sogar ein blauer Himmel über uns ließ jede Freudensaat unserer Ceres-Dorothea noch schöner reifen.

Meine geliebten Pfarrkinder, sowol aus Löbichau als aus Tannefeld! Erwägt die glückliche Nähe euerer Mutterkirche und Tochterkirche noch besonders aufmerksam, worauf ich schon im 25sten Theile leicht hingewinkt. Am Himmel stehen, wie die Sternkunde lehrt, die Sonnen darum so weit auseinander, damit sie sich nicht im Anziehen ihrer Planeten stören; aber hier in Löbichau und Tannefeld macht die Nachbarschaft der verschiedenen Sonnen gerade das Anziehen stärker, und die Umläufe der Wandelsterne geschwinder, und den Anbetern geht das Viergestirn der Schönheit nicht unter, das nach den besten hiesigen Sternsehern aus den Sternen Dorothea, Johanna, Wilhelmine, Pauline besteht.

Was ist nun die Nutzanwendung einer langen Predigt, welche ihr 32 Theile gleichsam als 32 Ahnen vorausschickt? — Die, daß keine nöthig ist; meine Predigt hat den schönen Vorzug, daß man sie entbehren kann, weil jeder sie befolgt hätte, wäre sie auch nicht gehalten worden. Wer könnte mit dem Danke und dem Wunsche für die geliebte Ernte-Geberin damit erst auf eine Ernte- und Vesperpredigt warten? Ihr wißt noch alle, andächtige Zuhörer und Zuhörerinnen, wie ich Sie im 2ten, 3ten, 4ten, 5ten, 6ten, und 32sten Theile meiner Predigt, wenn nicht abgemalt, doch abgeschattet habe, und wie ich durch Ihr Bild gezeigt, wie leicht das Lieben, besonders das mütterliche und kindliche zu lieben ist, zumal wenn unter die Früchte des Geistes sich die Blüten der Schönheit mischen, wie bei den Orangen die Blüten die Früchte umgeben; daher wenn man Ihr zuweilen nicht recht zuzuhören scheint, lediglich nichts Schuld ist, als daß man Sie zu sehr ansieht; was selber eurem strengen Vesperprediger und Seelenhirten anderthalbmale widerfahren ist.

Freilich am Besten wäre es, Ihr statt zu danken, lieber nachzuahmen, am meisten in jener sich immer gleichen ruhigen Liebe für jedes Menschenglück, die wie eine Morgensonne auch den kleinsten winterlichen Reif auf den Fluren der Freude zu einem funkelnden Thau einschmelzt.

Wir können Ihr für unsere erfüllten Wünsche nichts geben als nur Wünsche, die erst das Schicksal erhört; aber erfüllt der Himmel einen Wunsch für Sie, so ist eine liebende Fünf auf einmal beglückt; denn Elisa mit dem warmen Nachfrühlinge des Herzens und mit dem heitern Nachsommer des Geistes — vollendet die schöne Zahl.

Und so wünschet ihr, meine lieben Pfarrkinder, bei eurer Abreise der ihrigen aus Deutschland mit feurigster Seele nach, und die Zukunft sage: Amen, d. h. ja ja, es soll also geschehen.

Jean Paul,
dießjähriger Vesper- und Kasualprediger in Löbichau, welcher seine Pfarrgemeinde bittet, keinen Klingelbeutel für seine Erntepredigt umherzuschicken, da er schon so reich ist, daß er ganze 14 Erntetage im Vermögen hat, und nach Baireuth mitnimmt.

* *
*

Beinahe vergaß ich über die Anstalten des Abreisens das Allerwichtigste, Ihnen nämlich, geliebteste Leserin, die „abgerissenen Gedanken vor dem Frühstück und dem Nachtstück in Löbichau" in diesem für Sie bestimmten Cottaischen Taschenbuche zu geben, für das ich ja eben aus Mangel einer Geschichtdichtung die lange Geschichterzählung gemacht, um darein nach meiner Weise wieder bloße Gedanken einzubringen.

Hier stehen sie nun, wie ich sie im Löbichauer Schlosse nicht nur vorgelesen, sondern auch erst gemacht. Der Briefsteller kann nämlich den alten Fehler nicht ablegen, daß er, gleich einem Taschenspieler, nie voraus sagt, was er machen will, oder auch gemacht hat, so daß er folglich nie etwas von sich in der Tasche führt zum Vorlesen. Ich weiß so gut als einer, daß dieses Verstecken der geistigen Geburten sich nicht mit der in anderer Rücksicht wahren Goethe'schen Bemerkuug rechtfertigen läßt, nach welcher alles Leben sich zum Wirken gern verhüllt, z. B. in Rinde, Haut und dergleichen; denn Dichter und ähnliche Schriftsteller wollen vielmehr, indem sie ihre Erzeugnisse recht lange, wenn nicht nach Horazens Rathe im Schreibpulte, doch in der Tasche umhertragen, um sie reif auszutragen, gleichsam edlere Beutelratten vorstellen, welche ihre unreifen Geburten in ihren Taschen zum Zeitigen mit sich schleppen, und sie da lange aus- und einspringen lassen, bis sie allein laufen. Eigentlich publiziert ein guter Roman- und Versdichter sein Werk zweimal, erstlich in Gesellschaft, zweitens vor der Welt; aber die erste Bekanntmachung ist wol, so wie sie die gewisseste und stärkste ist — indem bei der zweiten oder öffentlichen oft das Werk in viel zu wenige Hände gelangt — so auch die schönste und schmeichelhafteste sowol für den Hörer als den Schreiber, weil dieser seine erste, nur Ein Exemplar starke Ausgabe, noch dazu auf Schreibpapier und mit eigenen Handlettern übergibt, und durch Vorlesen selber verlegt und absetzt. Und so ist denn — wie in den Klöstern unter dem Speisen vorgelesen wird — in großen Städten ein Thee oder anderes Trinken selten so dürftig, daß nicht ein Poet da wäre, der etwas aus der Tasche zöge.

In meiner hatt' ich, wie gesagt, nichts; — vorgelesen hatt' ich von mir in meinem Leben auch nie etwas, wenigstens nichts Ungedrucktes; — als dennoch in Löbichau doch etwas Weniges zu einer Vorlesung gefordert wurde: so macht' ich das Wenige, was ich selber vorgelesen, und womit ich diesen langen Aufsatz und meinen Abschied von Ihnen, geliebteste Leserin, hier beschließe.

Abgerissene Gedanken vor dem Frühstücke und dem Nachtstücke in Löbichau.

1.

Löbichau selber.

Die Leute sagen: „dieß freut mich königlich." Warum sagt man nicht lieber zuweilen, zumal wenn man in Löbichau ist: „dieß freut mich herzoglich." Die Stunden verrieseln hier so unvermerkt, daß man immer erst anzukommen glaubt; daher mir von meinen beiden Uhren die die liebste ist, welche zu langsam geht, und mir also noch Zeit verspricht. Die Löbichauer Zeit mißt mit einer Sanduhr, worin der Sand so fein und durchsichtig ist, daß man ihn gar nicht laufen sieht und hört. Nur kommt man leider hier leichter zu jedem Andern, als zu sich.

2.

Die Liebe und Religion in ihrer Höhe.

Je zarter und wärmer man liebt, desto mehr entdeckt man an sich statt der Reize nur Mängel, weil man des geliebten Gegenstandes nie würdig genug zu sein glaubt. Eben so werden uns unsere kleinern Flecken erst auf den höhern Stufen der Religion bekannt, und das Gewissen fordert immer strenger, je mehr man es befriedigt. Liebe und Religion gleichen hier der Sonne; bei bloßem Tag- und Kerzenlicht findet ihr die ganze Zimmerluft rein und ungetrübt von fremden Körpern; aber ein einziger Sonnenstrich zeigt, wie viele Stäubchen in ihr schweben.

3.
Probe der männlichen Liebe.

Verse, sagt Voltaire, werden am besten geprüft, ob sie poetischen Geist haben, wenn man sie in Prosa überträgt und sie ihn darin behalten. So rath' ich den Frauen als die beste Probe der männlichen Liebe an, diese in die Prose der Ehe zu übersetzen und mitten in der Liebe zu heirathen.

4.
Fremde Fehler und Tugenden aufspüren.

Der eine sucht nur die Mängel des Nächsten auf, der andere nur dessen Tugenden; jener schüttelt den Baum blos um Maikäfer aufzulesen, der andere, um dessen Früchte zu ernten. Verknüpft aber Beides, reinigt von Käfern und erntet die Früchte!

5.
Aufnahme des Tadels.

Der Mensch nimmt viel leichter, als man glaubt, das Widersprechen und Zurechtweisen auf, nur kein heftiges verträgt er, und wär' es ein gegründetes. Die Herzen sind Blumen, dem leisen fallenden Thau bleiben sie offen, aber vor dem Platzregen verschließen sie sich.

6.
Der erste Fall in der Welt, wo ein Gesetzgeber selber sein Gesetz strenge hielt, und zwar er allein.

Da immer alte Männer Gesetzgeber waren, und die Jugend blos zu gehorchen hat: so gab ich als einer aus dem Rathe der Alten neulich, als ich den Schnupftuchorden *) oder die Themisbinde um die Augen trug, allen jungen Personen meines Geschlechtes das heilsame Gesetz, jede Eingefangene sogleich zu strafen, nämlich zu küssen. Aber niemand hielt das leichte Gebot, als der alte Mann allein. In solchen ungehorsamen Zeiten lebt die heutige Jugend, möchte man wol mit den HH. Kampz und Schmalz in Berlin ausrufen.

7.

Die Verschlimmerungen der Völker.

Langsam und leise, wie der Rhein sein Eisgewölbe ungehört und Eissplitter an Splitter zusammen schmiedet, bildet sich in den Staaten das Böse und die Härte und Kälte des Volks; aber wie der Rhein mit Donner und Wuth seine lange Fläche in schwimmende Schlachtfelder zerschlägt: so stehet und thauet das verdorbene Volk plötzlich mit Sturm auf, und zieht zerrissen in zerreißenden Haufen daher. Dann kommen Zeiten, wo die Sterne des ewigen Rechtes nicht mehr festzustehen, so wie bei dem Scirokkowinde die Gestirne des Himmels zu schwanken scheinen. Aber warte nur ab das Vorüberfliegen des Sturmes, du wirst sehen, blos der Mensch hat geschwankt, nicht der Himmel.

8.

Die unendliche Sehnsucht.

In jedem Menschen wohnt eine heiße unendliche Sehnsucht nach einem höchsten Himmel, die er durch Erdenfreuden kühlen will, wie die indischen Weiber Schlan-

*) Im Spiele der blinden Kuh.

gen zur Kühlung in den Busen legen. Aber unsere Schlangen stechen das Herz, und es stirbt ungekühlt am brennenden Durst. Nur die Schlange der Ewigkeit erfrischt die lechzende Brust.

9.

Mittel zu verzeihen und zu lieben.

Der Mensch hat eine unglückselige Fertigkeit, in der bösen Stunde nach einer Beleidigung alle Mondflecken des Andern zu einem Schattenriß und Nachtstück desselben zusammen zu rücken und eine einzige That in ein ganzes Leben zu verwandeln, um nur das Vergnügen des Erzürnens recht zu schmecken. — Zum Glück hat er in der Liebe das entgegengesetzte Vermögen, alle lichten Stellen und Stralen des Gegenstandes durch das Brennglas der Phantasie in einen Brennpunkt zusammen zu drängen, und seine Sonne ohne ihre Flecken brennen zu lassen; aber am gewöhnlichsten thut er dieß erst, wenn das geliebte, ja oft das getadelte Wesen schon über die Wolkenhimmel des Lebens hinaus ist. Damit wir es jedoch früher und öfter thun, sollten wir es wie Winkelmann, nur auf andere Weise, machen. Wie dieser nämlich jeden Tag eine besondere halbe Stunde blos zum Beschauen und Ueberdenken seines überglücklichen Daseins in Rom aussetzte: so sollte man täglich oder wöchentlich eine einsame Stunde dazu widmen und heiligen, daß man die Tugenden der Seinigen, der Gattin, der Kinder, der Freunde zusammen rechnete und sie in der schönen Zusammendrängung anschauete; — und schon darum sollte man es thun, damit man nicht zu spät verziehe und liebte, wenn die geliebten Wesen schon über uns von hier weggezogen. —

10.
Die späte Religion.

Gewächse, die nur Abendsonne haben, reifen nie so weit hinauf, als die, welche schon vor der Morgensonne sich erwärmen. So vergleicht die Menschen, die ihr Herz erst in den Abendtagen des Alters gegen das Göttliche kehrten, mit den andern, die schon in den Jugendtagen vor der Sonne der Religion zu reifen anfingen und endlich mit den zärtern reifern Früchten dastehen.

11.
Die Aussprache des Herzens.

Einst trat der liebende Genius der gefühlreichern Menschen vor den Jupiter und bat: göttlicher Vater, gib deinen armen Menschen eine bessere Sprache, denn sie haben nur Worte, wenn sie sagen wollen, wie sie trauern, wie sie frohlocken, wie sie lieben. — „Hab' ich ihnen denn nicht die Thräne gegeben", sagte Jupiter; „die Thräne der Freude und die Thräne des Schmerzes und die süßere der Liebe." Der Genius antwortete: „auch die Thräne spricht das Herz nicht aus. Göttlicher Vater, gib ihnen eine bessere Sprache, wenn sie sagen wollen, wie sie die unendliche Sehnsucht fühlen, — wie ihnen das Morgensternchen der Kindheit nachblinkt — und die Rosenaurora der Jugend nachglüht — und wie vor ihnen im Alter das goldene Abendgewölk eines künftigen Lebenstages glühend und hoch über der verlornen Sonne schwebt. — Gib ihnen eine neue Sprache für das Herz, mein Vater!" — — — Jetzo hörte Jupiter in dem Sphärenklange der Welten die Muse des Gesanges annahen, und er winkte ihr und sagte: „zieh' hinunter zu den Menschen, und lehre sie deine Sprache."

Da kam die Muse des Gesanges zu uns hernieder, und lehrte die Töne; und seitdem kann das Menschenherz sprechen. — — — — Auch das sprachlose Herz, das schweigen muß, wird von den Günstlingen der Sing-Muse ausgesprochen in — Löbichau, zum Beispiele meines.

Berichtigung eines chronologischen Irrthums über die Abreise Jean Paul's von Dresden.

Literatoren, Sprachforscher, Geschichtforscher, Bibliographen, Lebensbeschreiber, kurz wir Gelehrten sämmtlich sind bei offenbaren, aber leichten Verstößen gegen thatsachliche Wahrheiten so glücklich, wie Glaser nach einem Hagelwetter: wir stellen wieder her. Endesunterzeichneter erinnert sich noch, wie er vor Jahren einen Berliner Gelehrten um das Vergnügen beneidete, die Wiederherstellung vom Taufnamen des Minister v. Heinitz durchzusetzen *). Der Gelehrte hatte nämlich nicht nur in der Gedächtnißrede auf den Minister von dem Geheimen Ober-Finanzrath Gerhard 1804, sondern auch im Verzeichniß sämmtlicher Mitglieder der „Berlinischen Gesellschaft naturforschender Freunde", von ihrer Stiftung an, bis zum November 1805, Berlin, 1806, 3½ Bogen gr. 8., die zum Glücke nicht in den Buch-

*) Alles Nachstehende steht in der neuern Berliner Monatschrift, im Juni-Stück von 1806.

handel gekommen, in beiden Werken hatte der Gelehrte gefunden, daß sie den Minister ganz irriger Weise Anton Friedrich genannt. Aus Wahrheitliebe und mit besserm Quellenstudium versorgt, setzte er sich daher nieder und führte in der Monatschrift Beweise aus der Unterschrift unter des Ministers Kupferstich — ferner aus der zweiten unter dessen Bildniß vor dem elften Bande der alten Berliner Monatschrift vornen am Jennerstück des Jahres 1788 — ferner aus des Ministers Dokumenten — desgleichen aus dessen Testament — und endlich aus seiner eignen Lebensbeschreibung, kurz aus allem that er dar, daß der Minister

gar nicht Anton Friedrich, sondern gerade ganz umgekehrt: Friedrich Anton geheißen.

Aber nicht nur über Minister, sondern auch über Schriftsteller, ja Buchdrucker will man keine Unwahrheiten wissen (man hat an denen genug, die sie selber verbreiten), sondern lauter Wahrheiten, wären es auch noch so kleine; daher der gelehrte Biograph Dibdin in seinem Bibliographical Decameron *) mit Recht darüber traurig ist, daß man von einem Buchdrucker, wie der berühmte Aldus, nirgend herausgebracht, ob er eine rothe Mütze getragen oder eine schwarze.

Von ähnlicher, wenn nicht größerer Wichtigkeit, als Aldus Mütze und Anton-Friedrichs Umkehrung ist es, darf ich behaupten, wenn man öffentlich berichtet, aus einer Hauptstadt sei ein Schriftsteller am 15. Junius abgereiset, der schon am 12ten daraus fortgegangen; und ich lasse hierüber deutsche strenge Geschichtforscher am liebsten entscheiden, da ihnen Kleinigkeiten eben keine sind.

*) S. dessen Rezension und Auszug im Hermes I. S. 242.

Dadurch gedeiht ja hauptsächlich der herrliche Kürbiswuchs der deutschen Geschichtforschung, welche, einfarbig und breitblühend wie der Kürbis, sich gleich ihm mit langen Schlingfaden überall anhäkelnd und durstig vollsaugend, endlich als dicke Frucht am Büchergeländer hängt und gelbt.

Es hat nämlich — und mich dünkt, die Sache ist nicht ganz unwichtig — ein Dresdner Korrespondent im Berlinischen „Gesellschafter" dieses Jahres *) in der Nachschrift eines schönen Briefs über Jean Paul's Aufenthalt in Dresden drucken lassen: „Heute, den 15. Junius, ist Jean Paul von hier abgereiset." — Dieses ist aber eine so große Thatsachen-Umkehrung (Anton Friedrich ist nichts dagegen), daß Jean Paul vielmehr gerade an diesem 15ten Junius, wo die Vandalen (anno 455) Rom eroberten, in Baireuth einzog und folglich aus Dresden früher abgegangen war, nämlich den 12. Junius (aber Nachmittags), eben an dem Tage, wo im Jahre 1593 der deutsche General Andreas von Auersberg den Deutschen einen köstlichen Sieg über die damaligen Türken **) erstritt, unter welche ich mit Freuden alle heutigen hinein geliefert hätte.

---

*) Blatt 101.

**) Siehe: „Täglicher historisch-politischer Erinnerungs-Almanach. Eine Taschenbibliothek der wissenwürdigsten Ereignisse aus 27 Jahrhunderten, von D. Karl Hering," S. 155. Dieser mit reichem Fleiße ausgesteuerte Almanach, der jeden Monattag des Jahres zum Geburttage mehrer wichtiger Begebenheiten zu machen weiß, kann zwar nicht als Lehrer der Geschichte, aber wol als Repetent der Zeitrechnung empfohlen werden, besonders Jünglingen und Weltleuten, welche so spielend im Vorbeigehen, in einer Wart-Minute, kurz vor einem Besuche das kleine, tägliche Pensum von einer oder zwei Seiten mitnehmen können. Auch Schriftsteller können den Almanach sehr wol

Zehntausend Menschen können schon nach Büsching, Gaspari und Fick, ja sogar eilftausend sechshundert nach Fenkohl *), der so viele Einwohner Baireuths mit Weglassung des Militairs aufzählt, werden mit Vergnügen die Ankunft am 15ten bezeugen. Was braucht es der Ankunft, da ja die Reise selber von Dresden nach Baireuth zum Glück auf das Schärfste — und ein wenig besser als die Bewegung der Sonne oder der übrigen Fixsterne — zu dokumentieren ist durch die Menge datierter Weg- und Geleitzettel als eben so viele papierne Schrittzähler; und jede neue Herrschaft, durch die man unterwegs kommt, hält ein Häuschen mit einem Passage-Instrumente von Einnehmer und dokumentieret mit.

So groß aber der chronologische Verstoß des Dresdner Korrespondenten im Berlinischen Gesellschafter ausgefallen — er beträgt drei volle Tage, — so bedenklich könnten, wenn man nichts widerlegte, dessen zufällige Folgen für den Dresdner Gast ausschlagen, da in unsern Zeiten und in unsern großen Städten, wo so viele liberale Gespräche — Afterreden — Wortbrüche — Schulden — Liebhabereien und Gänge aller Art im Schwange gehen, ein dreitägiges Alibi (ein Anderswo) zuweilen gar nicht zu entbehren und zu bezahlen ist — weßhalb ja alle Welt ihre Aufenthaltkarten so gern bezahlt und befolgt.

Fern sei es aber vom Endesunterzeichneten, den Dresdner Korrespondenten über ein Geschenk von drei

---

zu witzigen Wendungen gebrauchen und dabei, wenn sie ihn zur rechten Zeit aufschlagen, eine gewisse historische Gelehrsamkeit verrathen.

*) In der allgemeinen Encyclopädie der Wissenschaften ꝛc. von Ersch und Gruber, Bd. 8, Art. Baireuth.

Festtagen, das er aus Irrthum dem Dresdner Gaste zu dessen fünfwöchentlichen hinzuhäuft, im Geringsten anzufahren. Denn außer den drei Respekt- oder Diskrezionstagen, die er dem abgelaufenen Wechsel der Abreise bewilligte (in Leipzig gestattete ein Kaufmann keinen halben Respekttag, obwol in Hamburg eilf Tage), gibt er im Gesellschafter einen so wohlwollenden Bericht über den Dresdner Gast und über die Freundlichkeit seiner Wirthe und Wirthinnen, daß in den Miszellen der sonst braven Neckarzeitung gegen ihn im Julius *) ein Schaf mit mehr Gehörn als Gehirn aufstand und auf ihn und seinen Bericht mit den Worten losstieß: „Und all' der Bombast Jean Paul's wegen, dessen chaotische Schriften keine Tendenz, die so besondere Beachtung verdiente, verrathen, keinen der Menschheit wohlthätigen Zweck verfolgen — kauderwelsches Geschreibsel, das in wenigen Jahrzehenden vergessen sein wird.“ So weit das Neckarschaf in seiner Drehkrankheit! — Freilich hätte der Redakteur oder Schäfer wissen sollen, daß er ein drehkrankes Stück unter seinen Merinos aus- und eintreibt.

Obgleich nun der chronologische Rechnenfehler des Korrespondenten öffentlich widerlegt sein mußte, weil sonst der Fehler Jahrhunderte, vielleicht Jahrtausende, wenigstens (nach dem schon berührten Neckarschafe mit Gehörn) ein Paar Jahrzehende lang nachgeschrieben wird — so ist doch der Endesunterzeichnete der Erste, der dem Anachronologen alles Lob für seine Liebe gegen die Wahrheit und den Gast ertheilt, wenn er desselben innern und äußern Frühling in Dresden schildert. Und wahrlich der ist für einen Dichter, wie der Gast, da leicht zu finden,

*) No. 182 der Neckarzeitung.

wo die äußeren Schönheiten der Natur als Rahmen die inneren der Kunst vergolden, wo die fernen Gebirge romantisch-erhaben, die nahen anmuthig sind, und durch den Strom die Ebene wechselnd beides ist. Begegnen nun gar in solchen Umgebungen dem Schreiber wohlwollende Leser — und hospitierende Ausländer können Einwohner theils verdoppeln, theils ergänzen, und eine Ausländerin, wie die erhabene Elisa von der Recke, kann beides — und kommen vollends Leserinnen dazu, welche, wie Endesunterzeichneter glaubt, einen ganzen poetischen Blumenstrauß oft schon dadurch vergelten können, daß sie dem Dichter einen botanischen zustellen, oder — was fast dasselbe — einen abnehmen: so kann der Gast von Glück und Frühling sprechen, und sein Dresdner Lenz braucht (kunstrichterlich zu sprechen) nicht weiter motiviert zu werden, so wenig als seine früheren himmlischen Lenze in Heidelberg, Frankfurt und Stuttgart. Besonders muß einem Gast als Dichter der Umstand gefallen, daß dort Amt und Adel sich gern und fruchtbar mit Musen paaren *) (denn anderwärts tragen die Stammbäume und die Aktenberge selten poetische Alpenrosen); wie denn einmal in einem einzigen Wagen Nachmittags zu Fintlaters Lustort ein ganzes Quadro von bekannten Dichtern

*) Damit soll aber gar nicht etwa behauptet werden, es müßten die schweren Gold- und Silberbergwerke der Staatsgeschäfte immer die Quickmühlen des poetischen Quecksilbers neben sich haben. Vielmehr liefern — im Gegensatze von Dresden, Weimar, oder zum Theil Berlin — gerade große Städte, wie z. B. W..., M... und sogar Mittelstädte, die besten Beweise, daß man recht gut alle Dichtkunst in Staatämtern entbehren könne, und daß der Gott Vulkan seine seltenen Schmidtarbeiten und künstlichen Automaten auch im Cölibate, ohne Heirath der dichterischen Schönheit-Göttin zu machen verstehe, sogar Censur-Netze gegen sie.

fuhr, worunter zwei Grafen waren — Hr. Graf von Kalkreuth und Hr. Graf von Löben — und zwei zum Corps diplomatique gehörten, der kurhessische Gesandte Hr. von Malsburg, und der hildburghausische Legazionsrath, eben der Gast, und das ganze Quadro hatte, was noch besser und seltner, sich lieb.

Daher mußte dem Dresdner Gaste der schöne Nachruf an ihn von Kuhn*) (auch zugleich Dichter und Geschäftmann) ausnehmend gefallen, da das Echo der Erinnerung durch dichterischen Nachklang zu einem zweiten Echo wird; und besonders die letzten Strophen des Gedichts, die so liebevoll den Gast wiederkommen heißen. Himmel! er wird bei der Hand sein, wenn der Himmel selber nur will, und wird wieder einlaufen, schon um etwas nachzuholen, was er in der Abreis'-Eile stehen lassen auf der Brühlschen Terrasse; es ist dieß nämlich sein Abschied, den er von letzter, Abends vor seiner Abreise, zu nehmen gedachte, aber zum Unglück versäumte und welchen eine unerwartete Versammlung von Freunden und Freundinnen mit ihren Liebe-Anstalten zum schönsten und weichsten Feste erhoben hätte, wenn er nicht unwissend ausgeblieben wäre. Wenigstens die Zauberstelle muß er künftig dankbar wiedersehen, wo sich seine alte Bemerkung bestätigte, daß gerade gegen das Ende eines Bleibens sich das Schönste, gleichsam als ein hoher Sonnenuntergang eines schönen Tages anhäuft.

Es ist überhaupt schon an sich diese Terrasse vieler Lobsprüche und wöchentlicher Besuche werth, als eine himmlische Stätte wahrer Lenz- und Sommer-Abendfeier, eine Natur-Vesperkirche, wie Deutschland sie in einer

*) Abendzeitung Nr. 145.

Stadt selber wol selten aufzeigt. Du stehst da oben zwischen der alten Stadt und der neuen in einer gebildeten und reizenden Gesellschaft, und schauest unter Bäumen und unter Tönen an die grünenden Gebirgwendungen der Nähe, und dann hinab zum breiten Elbestrom und zum Triumphbogen Dresdens, zur Elbbrücke, auf der im Abendglanze zwei lange Menschenreihen als Bilder des Lebens sich einander entgegen wandeln, aber auf abgetrennten Bahnen, und unter welchen die Fahrzeuge flattern und wieder Menschen unten durchführen. — Und Dein Auge zieht der Stromkette und der Bergkette nach, über die blühende Ebene weg, bis sich beide in einander verlieren, und endlich in die untergehende Sonne verfließen, welche noch ihren letzten Purpur auf die Freudenhöhe deckt. — Bist Du aber überfüllt und doch nicht gesättigt, so wende Dich nach Morgen um, und der Mond kommt mit seinen Silberlichtern herauf und verklärt Ort und Strom und Ferne zu einer seligen Vergangenheit und Zukunft auf einmal, worin die Freuden nur himmlisch dämmern, nicht irdisch blitzen. — Und da wirst Du Dich in die Freudenanhöhe verlieben, und in die rechte Seele neben Dir dazu....

Aber Endesunterzeichneter schweift zu lange ab, und bittet um Verzeihung, da sein Zweck blos sein mußte, den chronologischen Verstoß des Dresdner Korrespondenten im Berlinischen Gesellschafter über den 12. Junius zu rügen und zu heben — was er hiermit hofft, glücklich gethan zu haben.

Endesunterzeichneter.

Nachschrift. Ich weiß dem obigen schönen Aufsatze außer meinem Lobe und Beifalle nichts beizufügen, als zur Steuer der Wahrheit die Nachricht, daß ich ihn selber gemacht, und zwar mit einer ganz besondern Lust, weil ich mich unter dem Machen in Einem fort an Dresden erinnern konnte und an so viele Menschen darin, zum Beispiele — außer den schon oft erwähnten Dresdnerinnen — an Tieck.

Jean Paul Fr. Richter.

Allegorische Vorstellung*)

den 19. März 1819, an dem Namenfeste der Frau Josepha von***.

Vorerinnerung.

Ich darf wol, ohne mich zu entschuldigen, die nachfolgende Gelegenheitdichtung auch dem Publikum geben, da gedichtet, nicht erdichtet ist. — Die überfreien Versmaße des Gedichts bedürfen freilich jeder Nachsicht; aber bisher hat der Verfasser über das Studium der Prose die Verse ganz versäumt, und er muß leider mehr als einen jetzigen Schriftsteller beneiden, der unzählige Verse schreiben kann, aber keine Prose, ausgenommen die, welche er

*) Der edle Gegenstand dieser Feier war die Gemahlin des Königlich bairischen Generalkommissairs Freiherrn von Welden zu Baireuth, dem Wohnorte Jean Paul's. So lange diese Stadt das Glück genoß, diese seltene Frau in ihrem Kreise zu besitzen, vereinigten sich alle, die ihr nahe standen, ihren Namenstag festlich zu begehen. Eine Freundin jeglicher Kunst, also auch dramatischer Spiele, versuchte Jean Paul, seine Empfindungen für sie in diese Form zu kleiden, und sie als Vorspiel einer für jenen Abend veranstalteten größeren dramatischen Darstellung hinzugeben.

in Verse so gut kleidet, daß er für ächt prosaisch gilt. — Zum Verständnisse der allegorischen Vorstellung behalte der Leser einige örtliche und zeitliche Verhältnisse: ein kleines Liebhabertheater, blos aus einem gebildeten Zirkel gewählt, und für einen solchen bestimmt, und gewöhnlich kleine frohe Gesellschaftstücke spielend, stellte vor der hochverehrten Frau, der Gönnerin der ganzen gesellig-heitern Unternehmung, am Feste ihres Namens die nachfolgende Dichtung dar. Andere Anspielungen auf das, was die edle Frau that und thut, erläutert sich ein Herz, das achten und ahnen kann, aus dem Gedichte selber leicht. — Soll ich noch auf die kleine Anspielung, daß der Namentag der Gefeierten ungefähr einen Tag vor Frühlings Anfang fiel, ja auf die allerkleinste hindeuten, daß der Spielsaal in einem Gasthofe, genannt zur Sonne, war?

Die Vorstellung.

Im Mittelgrunde ist ein Vorhang mit einer Winterlandschaft, und mit beschneieten Bergen. Wird er aufgezogen, so erscheint im Hintergrunde eine Frühlinglandschaft, mit einem Blumengarten und einem Altar, auf welchem die Büste der Frau von * * * steht.)

Der Winter

(halb gegen die Winterlandschaft gerichtet, und mit einem Tannenzweige in der Hand.)

Noch Einen Tag, so ist mein kurzes Reich vorüber
Und Flora regiert;
Die Erde trägt ihr schon Blumen,
Der Himmel Gesänge entgegen.
Nur kurz erglänzte auf der Saatenwelt mein Herrschermantel,
Immer riß ihn die Sonne entzwei.

Ich ziehe wieder auf meine glänzenden Berge,
Nur dort stehen des Winters feste Thronen.

(Thalia tritt auf, mit der komischen Maske in der Hand.)

Sei willkommen, Thalia! heiterste Muse,
Daß Du heute schon spielst und lächelst,
An Deinem spätern Tage waltet Flora auf dem Throne.

Thalia.

Nicht meine Gönnerin sendet mich heute, wie sonst,
Um spielend die Herzen zu erwärmen,
Die sich im strengen Leben erkälten,
Und, wenn Deine kalte Sonne gegangen,
Sie in eine Abend-Sonne zu sammeln,
Wo Scherze um das schwere Leben gaukeln,
Und Einige, kunstvoll, Alle beschenken,
Wo vor der Dichtkunst Sonne
Des Lebens Eisberge farbiger schimmern
Und eiliger schmelzen,
Und jeder vergißt,
Daß Du draußen bist.
Doch heut' erschein ich nicht zum Spiele.
Ich will das Fest meiner Beschützerin feiern;
Da brauch' ich keine Maske,
Um Freude zu malen,
Um Freude zu wecken,
Denn ich fühl' sie nicht allein.

Flora

(tritt auf mit einem Blumenkranze und wiederholt langsam)

— — — — — nicht allein.

Der Winter (wie sanft abweichend.)

Flora! — Frühling! heut regier' ich noch,
Uebermorgen ist Dein Krönungtag.

Flora.

Ich will nicht beherrschen,
Ich will nur bekränzen.
Siehe, wo Sie ist,
Herrschet Frühling schon.

(Hier wird der mittlere Vorhang schnell aufgezogen. Die Frühlinglandschaft erscheint, mit Josephas Büste, welche Flora mit ihren Blumen bekränzt.)

Ja, der Geliebten gehört der Frühlingkranz!
Wenn der andere Frühling
Bald wiederkehrt,
Bald wiederflieht:
So bleibet Sie mit mütterlicher Frühlingsonne
An Ihrer Lieben Herzen ruhen
Und wärmet die Knospen zu Blüten,
Und reifet die Blüten zu Früchten;
Und Sie umgibt mit Ihrem heitern Himmel
Den hochgeliebten Gemahl,
Und der Nahen glücklichen Kreis.

Der Winter.

Thalia! Ist dieß nicht Spiel und Schein?
Sah' ich nicht längst auf meinen Gebirgen
Diese Gestalt im Sturme des Kriegs,
Als Schutzgeist Ihrer Geliebten?
Stand Sie nicht oft auf meinen Höhen,
Wo heiliger das Herz
Die Erde mit dem Himmel verknüpft?

Thalia (indem die Wahrheit auftritt)

Sieh! es ist kein Spiel und Schein.

Flora.

Wahrheit! — Seltne auf der Bühne!
Sprich Du unsere Herzen aus.

Die Wahrheit

(nur wenig gegen die Büste gewandt)

Die Kunst macht Leben nur zu Bild und Schein.
Wie vor Pygmalion, nur schöner noch,
Verwandelt vor der Wahrheit sich
Heute Bild — in Leben.
Sie lebt vor uns, die Königin unsrer Feier!

(Die Wahrheit tritt jetzo in den Vorgrund, Thalia legt ihre Maske, der Winter seinen Tannenzweig auf den Altar, und alle folgen ihr.)

Nimm, Verehrte, aus der Wahrheit Mund,
Welche Du nicht heut erst liebst,
Die stummen Wünsche Aller liebend an,
Nur Wünsche werden Dir gebracht,
Dir, welche tausend hat erfüllt.
Leicht trage und lange Deiner Jahre wachsenden Aehrenkranz,
Und jede trübe Thräne, die Du getrocknet,
Sie komme in Dein Aug' als freudige zurück.
Die Freudenblumen, die Deine güt'ge Hand gesäet,
Es werden Alle Dir, von der unendlichen wiedergegeben,
Und ein ewiger Frühling bleibe Dein Leben!
So lebe, Josepha!

Flora.

Und lange!

Thalia.

Lange!

Der Winter.

Lange!

Der Traum und die Wahrheit.

Trost bei dem Todtenbette einer Freundin.

Die Selige wurde geboren den 5ten September 1745; knüpfte das Band einer glücklichen Ehe den 10ten Juni 1762; fühlte den Schmerz der Trennung von dem Geliebten seit dem 17ten November 1780, und folgte ihm in das Land der Ruhe den 27ten April 1797.

Der Schlaf verbirgt die erste Welt und ihre Nächte und Wunden — und zeigt uns eine zweite, und die Gestalten, die wir liebten und verloren, und Szenen, die zu groß für die kleine Erde sind.

Ich war in der Insel der Glückseligen, in der zweiten Welt (so träumte mir): die Sterne waren näher — das Himmelblau lag auf den Blumen — alle Lüfte waren Töne — und Ruhe und Entzückung, die bei uns geschieden sind, wohnten dort zusammen. Und die Todten, um welche der Nebel des Lebens gefallen ist, der den höhern Himmel verhüllte, ruhten, wie sanfte Abendsonnen im blauen Aether.

Siehe, dann zog die Erde unten aus der Tiefe auf ihrer Laufbahn, und der Frühling hatte sie mit seinen Blüten und Knospen überdeckt. Als die Erde näher an die Insel der Seligen kam, rief eine Stimme voll Liebe: „Blicket in euere alte Erde, ihr Todten, hinab, und sehet die Geliebten, die ihr verlassen, aber nicht vergessen habt.“ — —

Denn im Frühling zieht die Erde vor der ewigen Welt vorüber und vor den Seligen, deren Hülle in die Erdscholle zurückgesunken ist — und darum hat der arme Sterbliche im Frühling so viel Sehnen, so viel Ahnen und so viele Erinnerungen der verlornen Geliebten.

Nach der Stimme traten alle Selige ans Ufer der überirdischen Insel und suchten auf der blassen Erde das Herz, das sie geachtet hatten. — Da schauete ein edles Wesen sich auf ihr nach der Gattin und nach den Kindern um, um welche der Frühling der Erde stand und die — keinen hatten.

O, der Vater sah nun seine Kinder voll Thränen, und seine Gattin voll Schmerzen; er fand die bleiche Gestalt, deren zuckendes Herz nun ruht, und deren feuchte Augen nun erkaltet und geschlossen sind in der würgenden Hand der Qual — und da er die Freundin seines vorigen Lebens erblickte, wie sie sich auf den Dornen der irdischen Martern verblutete, und wie der Schmerz mit eisernem glühendem Griffel in die zerfallende Gestalt den Scheidebrief des Lebens grub, und wie sie doch nur die Hoffnung, aber nicht die Geduld verlor, und wie das vergehende Auge kein Glück mehr wünschte als das ihrer Kinder, und wie diese die schlaflosen Nächte der Mutter nur theilen aber nicht nehmen konnten: so sank der liebende Vater weinend nieder und betete: „Ewiger, laß sie sterben! Zerdrücke diese Brust voll Schmerz und gib mir meine Freundin wieder und heile die wunde Hülle erst unter der Erde — — Ewiger, laß sie sterben!" — —

Und als er gebetet hatte, so hörte das müde Herz und die Marter und das Leben auf, und seine Freundin kehrte auf ewig an sein Herz zurück. — — —

Warum weinet ihr, weiche und liebende Kinder, daß euere Eltern nach gleichen Qualen nun gleiche Freuden haben? Und daß nach dem Winter des Lebens ihr ewiger Mai anbricht? — Macht Euch das bunte Frühlinghaus unter der Erde, oder der schwarze Gränzhügel über der Erde, oder die schwere Hand der Verwesung irre, welche die irdischen Narben und Wunden und die ganze Gestalt auslöscht? —

Nein, der Frühling werfe seine Blumen auf ihr kaltes Angesicht und trockne von eurem die Thränen und wenn ihr schmerzlich an sie denket, so saget euch zum Troste: wir haben sie herzlich geliebt und niemand hat sie verwundet als der, der sie nun heilt.

Leipzig, gedruckt bei W. Staritz.

Kolibri 360 GmbH
Ferdinand-Jühlke-Straße 7
99095 Erfurt, Deutschland
produktsicherheit@kolibri360.de